MANUEL
D'AGRICULTURE

APPROPRIÉ

AU DÉPARTEMENT DE TARN-ET-GARON'

SUIVI D'UN

TRAITÉ ÉLÉMENTAIRE

SUR

L'ART DE GOUVERNER LES ANIM

PAR

A. PRESSEQ

VÉTÉRINAIRE

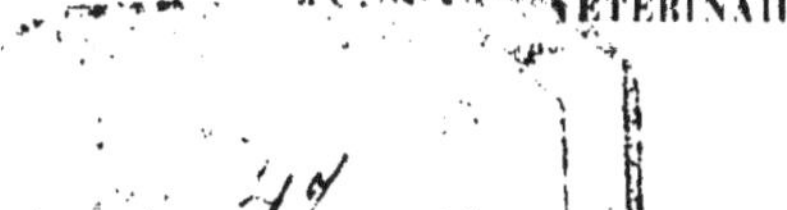

Tant vaut l'homme.
tant vaut le sol.

MONTAUBAN

ÉMILE LAFORGUE, LIBRAIRE-ÉDITEUR

27, RUE DU VIEUX-PALAIS, 27

1875

MANUEL D'AGRICULTURE

MONTAUBAN. — TYPOGRAPHIE DE J. VIDALLET

MANUEL D'AGRICULTURE

APPROPRIÉ

AU DÉPARTEMENT DE TARN-ET-GARONNE

SUIVI D'UN

TRAITÉ ÉLÉMENTAIRE

SUR

L'ART DE GOUVERNER LES ANIMAUX

PAR

A. PRESSEQ

VÉTÉRINAIRE

Tant vaut l'homme,
tant vaut le sol.

MONTAUBAN

ÉMILE LAFORGUE, LIBRAIRE-ÉDITEUR

27, RUE DU VIEUX-PALAIS, 27

1875

PRÉAMBULE

Dans ma longue carrière de praticien, j'avais souvent entendu des cultivateurs signaler la difficulté de se procurer un Traité d'agriculture qui pût les guider dans l'exploitation de leurs terres et dans les soins à donner à leurs animaux.

C'est que, en effet, il n'est pas aisé de puiser dans les écrits les plus en renom les pratiques à appliquer à telle région déterminée.

Dans ma modeste sphère d'action, j'avais songé parfois à combler cette lacune : une circonstance fortuite m'y a déterminé.

Le programme d'un *Manuel d'agriculture* publié dans le Gers m'étant tombé sous les yeux, sa rédaction m'a paru si méthodique, que je n'ai pas hésité à en adopter les subdivisions. Pour le texte, je n'ai pas à craindre le soupçon de plagiat, puisque mon manuscrit a été déposé à la préfecture de Tarn-et-Garonne le 15 juillet 1873, et que l'ouvrage qui a été adopté pour le Gers n'a paru que plus tard.

Du reste, si, en publiant ce *Manuel,* mon mobile principal a été d'être utile, je ne dois pas taire que j'y ai été amené aussi par des encouragements trop flatteurs pour qu'il ne me soit pas permis de m'en prévaloir et de les reproduire ici en partie.

PIÈCES ANNEXES

Montauban, le 24 juillet 1873.

Le Préfet de Tarn-et-Garonne à Monsieur Pressey,
vétérinaire à Montauban.

Monsieur,

Vous m'avez adressé, le 15 de ce mois, le manuscrit d'un *Manuel d'agriculture* que vous avez l'intention de publier.

J'ai l'honneur de vous informer que ce manuscrit, ainsi que votre lettre, seront mis sous les yeux du Conseil général à sa prochaine session.

Agréez, etc.

Le Préfet,
DESPRÈS, *signé.*

Extrait du registre des procès-verbaux des séances de la Commission départementale de Tarn-et-Garonne.

Séance du 11 mars 1874.

TRAITÉ D'AGRICULTURE DE M. PRESSEQ

M. Pagès, qui avait été chargé par ses collègues de faire un rapport sur le *Traité d'agriculture* de M. Presseq, dont l'examen avait été renvoyé à la Commission par le Conseil général, à sa dernière session, donne lecture du rapport suivant :

M. Presseq, vétérinaire à Montauban, frappé, sans doute, de la difficulté qu'éprouvent généralement les agriculteurs pour se procurer un ouvrage élémentaire où ils puissent trouver les principes, les méthodes dont
la connaissance est nécessaire pour exploiter leurs terres d'une manière
intelligente et productive, a eu la bonne pensée de composer un *Manuel
d'Agriculture* approprié au département de Tarn-et-Garonne.

. . . .

Le Conseil général, dans sa session d'août, renvoya cette affaire à la
Commission départementale, et vous-mêmes m'avez chargé, dans une de
vos dernières séances, de vous présenter un rapport et de vous faire des
propositions, s'il y avait lieu.

J'ai lu avec intérêt le manuscrit de M. Presseq, et, tout d'abord, je
constate que ce n'est pas un *Manuel,* comme l'appelle l'auteur, mais un
Traité à peu près complet d'agriculture, où aux notions générales que l'on
trouve dans les meilleurs ouvrages s'ajoutent les indications particulières à
notre département.

Vous n'attendez pas, sans doute, de moi que je fasse la critique et
l'analyse de cet ouvrage : je n'ai point pour cela une compétence suffisante et n'en ai pas la mission ; mais je me plais à dire que l'auteur fait
preuve d'études sérieuses, de connaissances sûres et étendues.

Il y a quelques chapitres qui méritent d'être signalés par la clarté, la
simplicité, la méthode avec lesquelles ils sont écrits, notamment le chapitre IX, intitulé : *Vignes.*

. . . .

Comme conclusion, j'ai l'honneur de vous proposer de souscrire à l'ouvrage de M. Presseq pour une somme de deux cent quarante francs, c'est-
à-dire d'acquérir, à concurrence de cette somme, des exemplaires de son
ouvrage, quand il sera édité, pour être distribué aux écoles les plus importantes du Département.

Les conclusions de ce rapport sont adoptées par la Commission, qui décide qu'elles seront soumises à l'approbation du
Conseil général à la session d'avril.

Extrait du Registre des délibérations du Conseil général de Tarn-et-Garonne.

Séance du 16 avril 1874 (soir).

MANUEL D'AGRICULTURE DE M. PRESSEQ

M. Dufour donne lecture de son rapport sur les propositions de la Commission départementale relatives au *Manuel d'agriculture* de M. Presseq :

. . . .

Votre quatrième Commission, adoptant les vues de la Commission départementale, a pensé également que, en considération du mérite incontestable et de l'utilité du livre de M. Presseq, il soit ouvert un crédit de deux cent quarante francs, afin d'acquérir, à concurrence de ladite somme, des exemplaires de cet ouvrage, dès le moment qu'il sera édité.

Les conclusions de ce rapport sont adoptées.

Pour extrait conforme :

Le Secrétaire général,

DE CLAUSADE, *signé.*

PRÉFACE

Avant d'entrer dans les détails que comporte la rédaction d'un Manuel d'agriculture approprié à une localité, il nous paraît utile d'exposer, en peu de mots, le plan et le but de cet ouvrage.

Le titre modeste que nous lui donnons indique suffisamment notre intention d'éviter ces grandes questions d'économie rurale peu compatibles avec le fond d'un écrit de cette nature. On a discuté assez longuement sur ce sujet, on a émis assez de doctrines, assez de théories, pour que le moment soit venu de se résumer.

Les ouvrages traitant de l'agriculture et de l'art de gouverner nos animaux ne manquent pas; un grand nombre d'écrivains très-distingués, de praticiens très-dévoués, des sociétés savantes notamment, publient chaque jour de très-intéressants écrits, fruits de leurs recherches ou de leurs expériences, sur le meilleur mode à suivre pour faire rendre au sol la plus grande somme de produits, et exiger des animaux les bénéfices les plus rémunérateurs.

Dans ces traités il nous semble remarquer une lacune. Pourquoi, en effet, ne s'applique-t-on pas mieux à tracer les seules et uniques règles que l'on doit suivre dans tel sol, tel climat, telle zone même qu'il s'agit d'exploiter? Et puis, dans le plus grand nombre de ces publications, il est aisé de voir avec quel soin on s'occupe des intérêts agricoles du Nord (1), et combien on dédaigne notre agriculture du Midi (2).

D'un autre côté, s'il entre bien dans nos vues de nous tenir dans ces limites, c'est-à-dire d'écrire un Traité d'agriculture simple, concis, élémentaire, approprié exclusivement à notre Département, nous ne pouvons espérer d'atteindre entièrement ce but. Telle n'est pas notre prétention.

L'agriculture, la zootechnie, ne sont pas des sciences exactes, tant s'en faut; bien souvent elles sont conjecturales.

Le chimiste qui se propose une analyse, le mathématicien en voulant résoudre un problème, le physicien qui cherche à pénétrer les secrets de la nature, possèdent des données dont la solution varie peu pour l'exposé et pour le résultat; l'agriculteur, au contraire, est bien souvent trompé dans ses projets, il voit souvent ses calculs les mieux fondés déjoués, parce qu'il ne peut rien contre l'intempérie des saisons, parce qu'il

(1) Tel est le *Traité d'agriculture* de Barrau et Heuzé, en usage dans nos écoles primaires, ouvrage très-bien écrit, sans doute, mais dont le fond ne saurait s'appliquer à notre agriculture du Sud-Ouest, encore moins au Tarn-et-Garonne.

(2) Faisons toutefois une exception pour un de nos départements limitrophes, le Gers. Là, le Conseil général, mû par un sentiment très-louable, a reçu, dans sa séance du 18 août 1873, les premiers exemplaires d'un *Manuel d'agriculture* approprié à la localité.

ne peut jamais prévoir les suites ou les conséquences
de ses labeurs les plus persistants, les mieux combinés.

Et puis encore, notre Traité ne sera jamais assez
complet pour indiquer d'une manière rigoureuse
les pratiques exclusivement applicables à telle ou
telle localité, à telle espèce d'animaux. Personne
n'ignore que telle contrée, tel canton, telle classe
d'animaux demande ou exige un travail approprié,
une étude particulière. La volonté d'écrire un Manuel
d'agriculture pour chaque contrée exigerait une
série de formules très-longues et peut-être confuses.

Or, que l'on ne s'y trompe pas; nous enseignerons,
d'une manière aussi claire, aussi brève que possible,
les pratiques agricoles et les soins à donner aux animaux, que nous croyons devoir être suivis dans le
Département, en nous étayant souvent des leçons de
nos meilleurs maîtres ; mais quelquefois aussi nous en-
trerons dans le domaine des généralités, parce que
nous avons la plus grande confiance dans le savoir et
le discernement bien connu de nos agriculteurs.

INTRODUCTION

Après plusieurs définitions données à l'agriculture (1), on s'est arrêté à celle-ci : l'agriculture est l'art de retirer du sol les produits qui ont le plus de valeur en tenant compte de leur influence sur l'épuisement du sol.

L'agriculture se divise en deux grandes parties : l'une a pour but de cultiver les plantes, d'élever les animaux ; l'autre consiste à diriger les travaux ; on est convenu d'appeler la première économie rurale, et la seconde économie agricole.

Tout homme n'est pas apte à faire un agriculteur ; celui qui veut pratiquer l'agriculture devrait connaître d'abord la chimie pour expliquer les phénomènes divers qui se passent dans la nature : la botanique, pour se rendre compte de la végétation des plantes ; les mathématiques, pour la construction des instruments dont il doit faire usage ; et puis, comme complément de ces études, la géologie, l'astronomie même. Ces sciences, considérées comme accessoires, seraient pour lui d'un grand secours.

On est un agriculteur fort incomplet, dit Gasparin,

(1) Cuvier, Gasparin, Lefour, etc.

si l'on ne possède pas la science de l'agriculture, de même que l'on doit unir l'art à la science, dit Magne.

Ce n'est pas tout encore ; la viticulture, la sylviculture, l'horticulture, l'hygiène et l'art de gouverner les animaux, seront le complément indispensable des études de l'agriculture. Aussi, à ceux qui disent que l'agriculteur n'a besoin ni d'instruction, ni d'intelligence, on peut répondre sans crainte que cet industriel a autant de mérite que l'ingénieur, le manufacteur, l'administrateur.

Nécessité, moralité, avantages de l'agriculture

§ I. — Pour démontrer la nécessité de l'agriculture, il est superflu d'invoquer ces redites banales connues depuis longtemps : l'agriculture est la mamelle d'un État ; un État dépérit aussitôt que l'agriculture est négligée, etc., vérités aujourd'hui bien démontrées, et qui se passent de commentaires. Pour nous, la nécessité de l'agriculture se trouve aujourd'hui surabondamment démontrée par des motifs autrement importants. Les premiers, parce que cette industrie pourvoit à tous les besoins de l'homme en lui procurant les objets les plus précieux à sa conservation : le pain, la viande, le vin, le bois, la laine ; les seconds, parce que le commerce, l'industrie manufacturière principalement, relèvent l'une et l'autre de l'agriculture et sont ses tributaires ; car, à part certains produits qui ne sont pas le résultat de la culture, la pêche, les mines,

toute production tire son origine du sol, soit directement, soit indirectement.

« Si l'on songe, un instant, aux services rendus
« par l'agriculture à la société, lorsque cette industrie
« a agrandi le cercle de ses opérations en mettant
« en culture des surfaces immenses, des terrains sté-
« riles, nous serons obligés de reconnaître que l'agri-
« culture est un art très-utile, très-nécessaire. »

§ II. — A ces avantages que nous retirons de l'agriculture, ajoutons celui de nous procurer une plus
grande somme de bien-être, plus d'aisance, et puis
n'oublions pas le rôle éminemment moralisateur que
remplit cette industrie.

Le travail des champs procure des habitudes plus
agréables, rend l'homme plus sédentaire, calme ses
passions, chasse son oisiveté, et lui donne une existence libre, indépendante, qui doit être son plus bel
apanage.

§ III. — Non-seulement l'agriculteur exerce une
profession utile, mais elle est continue. Le chômage
n'existe plus pour lui, nous dit Joignaux, ni les
crises financières, ni les tourmentes politiques, ni la
gelée, ni la grêle, ni la peste, ni l'avilissement de ses
produits ne l'empêchent de donner toujours et quand
même les diverses façons de culture que réclament
en temps opportun ses champs, ses vignes, ses
bois, etc.

Travaillons donc la terre avec courage, demandons-
lui, avec confiance, et surtout avec méthode, tout ce
qu'elle peut produire; c'est ainsi que, produisant beau-

coup, l'ouvrier des champs dédaignera ce séjour si ambitionné des villes, rève si insensé, pour s'adonner de bon cœur à ces agréables et utiles travaux de la campagne.

CHAPITRE PREMIER

Du sol sur les divers points du Département de Tarn-et-Garonne au point de vue agricole. — Influence du sous-sol.

§ I. *Situation topographique du Département.* — Notre Département, compris dans le bassin de la Garonne, présente une surface de grandes plaines d'abord, avec quelques plateaux élevés, puis trois chaînes principales de hauteurs dont l'une est le prolongement des fertiles coteaux du Gers, l'autre sépare le Tarn et l'Aveyron pour finir sous les murs de Montauban, et la troisième termine les dernières chaînes de Montaigu-du-Quercy.

Des vallées généralement peu profondes sont traversées par divers cours d'eau ; d'abord les deux qui donnent le nom au Département, et ensuite l'Aveyron, la Seone, l'Arrats, la Gimone, la Lère, la Bonnette, le Candé, la Barguelonne, le Lemboulas, le Tescou, etc. ; tous ces cours d'eau sont bordés de prairies et d'arbres irrégulièrement plantés.

Cette position topographique fait que la marche des saisons est assez régulière, que le climat est doux, tempéré, et que les orages sont peu fréquents ; toutefois, le vent du Sud-Est (autan), en même temps qu'il tarit les rosées, est trop souvent désastreux par sa violence; sa station est de cinq à six jours, puis il passe à l'Ouest, et amène la pluie. Au printemps il couche les récoltes et brise les jeunes pousses des vignes.

La nature du sol diffère selon les régions qu'il occupe, tantôt humifère ou d'alluvion dans les terrains qui longent les cours d'eau, tantôt argileux proprement dit ou argilo-calcaire dans les terrains légèrement accidentés ou peu élevés, tantôt argilo-siliceux avec ou sans cailloux sur les coteaux ; ces sols ont trop souvent un sous-sol imperméable, néanmoins ils sont généralement riches.

Avant de rechercher sur quels points du Département domine telle nature de terrain, il est bon de connaître sa composition. C'est ainsi que, procédant avec méthode, nous pourrons nous entendre sur la valeur des mots et nous rendre compte du sol et de l'influence du sous-sol sur la végétation.

§ II. *Formation du sol.* — Nous ne suivrons pas les géologues (1) dans leurs savantes dissertations sur la formation de notre globe. Il nous importe peu aussi de connaître le nombre de révolutions ou de cataclysmes que notre planète a éprouvés avant le calme dont elle jouit aujourd'hui. Qu'il nous suffise d'apprendre que, à la suite de ces diverses secousses volcaniques portées au nombre de onze au moins, l'écorce de notre globe a été hérissée de roches, de couches plus ou moins dures ; que par une succession de

(1) Laplace, Herschell, Buffon, Cuvier, et les recherches scientifiques de Figuier.

siècles dont le nombre nous est même inconnu, et sous l'influence de forces très-puissantes, telles que l'air et l'eau, un travail de destruction lent et continu qui, d'ailleurs, s'accomplit chaque jour, s'est opéré (1); qu'enfin cette désagrégation en débris très-ténus, cette poussière, unie à des détritus organiques, a été et sera, pendant longtemps encore, la formation du terrain que nous cultivons.

§ III. *Composition de la terre végétale.* — La terre végétale se compose de trois substances principales minérales et une organique; celle-ci, produit d'une décomposition végétale ou animale.

Les trois premières sont désignées sous le nom de *silice*, de *carbonate* de *chaux* et d'*argile*, la quatrième est connue sous le nom d'humus; de là ces dénominations de terre *siliceuse*, *calcaire*, *alumineuse* et *humifère*. La terre est fertile ou stérile, selon qu'elle contient plus ou moins de ces matières (2).

Examinons la valeur de chacune de ces substances et le rôle qui leur est assigné.

(1) « Semblables à ces petits vers presque imperceptibles qui coupent et traversent les digues les mieux construites, un jour arrivera où, par l'action mécanique de l'air, les montagnes descendront dans les vallées, feront de la surface du monde une plaine immense, dont l'horizon sans bornes sera aussi monotone que celui de l'Océan (SACC, *Chimie agricole*). »

(2) « Pour qu'un sol puisse être classé à un degré parfait de fertilité, il doit être composé de 49 à 60 pour cent de sable siliceux, felspatique ou calcaire; de 5 à 15 pour cent de calcaire pulvérulent carbonaté, phosphaté; de 25 à 40 pour cent d'argile alumineuse, magnésienne ou ferrugineuse; de 4 à 12 pour cent d'humus ou débris de végétaux ou d'animaux. »

a. La silice est le produit du sable, des cailloux, des roches ; elle existe en très-grande quantité dans nos terres, mais rarement à l'état de pureté. Cette substance, peu soluble dans l'eau, est susceptible cependant d'être assimilée par les plantes, les céréales surtout.

b. La chaux est assez répandue dans nos champs ; insoluble dans l'eau, elle est très-facile à dissoudre par le vinaigre, par l'huile de vitriol surtout. Cette matière possède la faculté de décomposer, d'une manière très-active, les engrais contenus dans le sol ; la chaux est fertilisante lorsqu'elle existe en quantité suffisante dans la terre ; au contraire elle la frappe de stérilité lorsque la proportion est trop_forte.

c. L'argile est un composé de silice et d'allumine. Cette substance fait pâte avec l'eau et durcit avec le feu. L'argile rend les terres arables fermes, compactes, humides après la pluie, conserve bien la décomposition des fumiers. Le sol argileux, travaillé, amendé à propos, répond avec largesse au soin du cultivateur.

d. L'humus, appelé aussi terreau, est le produit de la décomposition d'êtres organisés, végétaux ou animaux. Cette substance est poreuse, légère, perméable à l'eau ; ses principales fonctions consistent en raison de sa porosité à absorber et mettre en rapport avec les plantes les gaz utiles à la végétation. L'humus, nous dit-on, doit être considéré comme la matière première avec laquelle la nature forme les végétaux.

L'humus, uni à la chaux et principalement à la silice, constitue cette terre appelée *terre de bruyère*.

e. Disons ici qu'il ne faut pas confondre l'humus

avec cette autre matière organisée, la *tourbe*. Bien que
la tourbe ait beaucoup d'analogie avec l'humus, elle en
diffère essentiellement par ses propriétés. La tourbe,
produit de la décomposition des plantes qui croissent dans ces nappes d'eau dormante, heureusement
fort rares dans notre Département, est ordinairement
acide, insoluble presque dans l'eau, et susceptible de
durcir et de se crevasser sous l'influence du froid et
du soleil (1). La tourbe à elle seule est impropre à la
végétation; c'est tout au plus si elle peut produire des
prêles, des joncs, des mousses.

f. Dans le sol végétal on trouve aussi : 1° la magnésie, substance qui a pour effet, à cause de son extrême solubilité, de rendre la terre stérile lorsqu'elle
s'y trouve en trop grande abondance; 2° des matières
ferrugineuses qui jouissent de la faculté de condenser
l'ammoniaque (gaz essentiel à la vie des plantes),
lorsque ces matières n'existent pas en trop grande
quantité; 3° de la soude, substance très-utile à la composition du végétal, du blé surtout; 4° de l'eau dont
l'action peut être si utile ou si nuisible à la plante
selon qu'elle existe en plus ou moins grande abondance dans le sol; et 5° enfin, de l'air si indispensable
à l'existence des végétaux.

L'agriculteur doit connaître à quelle dose chacune
de ces matières constitue la terre de son champ (2),
Pour cela, il procèdera à une opération désignée sous
le nom d'analyse du sol.

(1) Telle est aussi cette terre produit du curage de nos viviers.

(2) Le fondement de l'agriculture est la cognaissance des terres à
cultiver (Olivier de Serres).

§ IV. *Analyse du sol.* — On prend dans un champ, à 10 centimètres au-dessous du sol, une certaine quantité de terre que l'on pulvérise grossièrement. On met cette terre dans un vase non-vernissé, on place le tout sur le feu, et on remue avec un morceau de saule blanchi, jusqu'à ce que le bois, ayant changé de couleur, donne l'indice que la terre est suffisamment desséchée.

Après refroidissement, on prend 100 grammes de cette terre, on la remet sur le feu dans ce même vase jusqu'à ce que celui-ci devienne rouge, en ayant soin de remuer constamment, mais cette fois avec une baguette en verre. La terre, arrivée à ce degré de chaleur, sera alors privée de l'humus qu'elle contenait, cette matière ayant disparu par la combustion ; l'on s'assure de cette perte à l'aide d'une balance ; la différence que l'on trouvera au-dessous de 100 grammes indiquera la quantité d'humus existant dans le champ.

On déposera ensuite cette même terre dans un vase en terre, dans lequel on versera de l'eau jusqu'à ce que le tout devienne une bouillie claire ; on laissera reposer et on décantera ensuite très-doucement ; le résidu sera du sable, peut-être un peu de chaux que l'on fera disparaître en versant un peu d'huile de vitriol (acide sulfurique), étendu de deux fois son volume d'eau, jusqu'à ce que toute effervescence cesse ; ce nouveau résidu lavé, décanté, séché et pesé, donnera la quantité de sable contenue dans le sol.

Nous ferons une seconde opération pour connaître la quantité de chaux. On dépose 50 grammes de la terre qui a été préparée, pour l'épreuve précédente, dans un grand verre ; on verse dessus, peu à peu, de l'huile de vitriol étendu d'eau comme la première fois ; lorsque l'effervescence n'existe plus, on ajoute de l'eau pure jusqu'à ce que le mélange ne soit plus acide : cet état, d'ailleurs facile à saisir, se manifeste lorsqu'on voit qu'un papier bleu de tournesol, plongé dans ce liquide, ne rougit pas. On filtre ce résidu, on le fait sécher, on le pèse, et la différence donne la quantité de chaux qui a été détruite par l'acide sulfurique. Ainsi, si 50 grammes de terre se réduisent à 40, la terre contiendra 10 pour cent de chaux.

Par une opération plus rigoureuse, on pourrait peut-être changer le chiffre de l'argile, car la terre pourrait bien contenir une petite quantité de fer, et une foule d'autres sels, mais l'opération mentionnée plus haut paraît suffisante.

L'analyse du sol est de la plus grande nécessité dès le début et dans le cours de la carrière agricole, soit pour appliquer au sol avec intelligence les engrais, les amendements, soit pour donner la préférence à telle culture sur telle autre, soit enfin pour diriger convenablement les travaux.

L'art de cultiver la terre repose sur ce principe élémentaire : savoir donner au sol les éléments qui lui manquent, et fournir à la plante les éléments qui sont nécessaires à son existence.

§ V. *Du sol sur les divers points du Département au point de vue agricole.* — La nature du terrain est très-variable dans ce Département, nous l'avons dit. On trouve tantôt la terre argileuse ou argilo-calcaire connue dans le pays sous le nom de *terre-forts*, tantôt le terrain argilo-siliceux désigné sous le nom de *boulbène*, et le terrain d'alluvion, celui qui longe les cours d'eau, et que nous appelons *terre* de *rivière*.

On trouve bien aussi les sols sablo-siliceux, graveleux ou caillouteux, les sols crayeux, ceux qui ont pour caractère d'être un mélange de marne et de sable, mais ceux-ci sont assez rares.

Étudions chacun de ces sols.

a. Le sol argileux proprement dit contient 40 à 45 pour cent au plus de sable siliceux avec de l'humus ; dans ces conditions ce terrain absorbe et retient convenablement l'humidité, tient l'engrais dans un état de fraîcheur permanente et favorise ainsi toutes les cultures, le blé surtout. Ce terrain est très-fertile, d'un travail facile. Là on voit croître le tussilage, l'arête-bœuf, le sureau nain ou hièble. Ce sol constitue une bonne partie du Département : on le trouve à Beaumont, Moissac, Valence, Castelsarrasin, Saint-Nicolas, Villebrumier, les bas-fonds de Saint-Antonin, Caylus, et une partie des cantons de Montauban, Verdun et Auvillar. Ces terrains sont beaucoup plus fertiles lorsqu'ils reposent sur un sous-sol perméable, tel que du sable, des cailloux. Les cantons de Beaumont, Valence, Moissac, Saint-Nicolas, jouissent de cette heureuse position.

Faisons observer que si, dans les sols argileux, le sable atteint la proportion de 60 pour cent, ces terrains sont alors silico-argileux, conservent peu l'humus et les engrais ; si enfin le sable existe dans la proportion de 70 pour cent, alors ces terrains sont impropres presque à toute culture.

b. Les terres argilo-calcaires, très-connues dans le Département, à Molières, Montpezat, Caussade, Lafrançaise, Monclar, Montaigu, Bourg-de-Visa, Lauzerte, Lavit, une partie de Verdun, d'Auvillar, de Saint-Antonin et Caylus, conten ant 40 à 50 pour cent d'argile, 20 à 25 pour cent de chaux, sont faciles à travailler, très-fertiles, plus fertiles quand la chaux augmente. Là on voit croître la queue de vache, le pied d'alouette sauvage, le chardon, le coquelicot, la pimprenelle.

Lorsque le sol contient 30 pour cent et au-dessus de chaux, c'est le commencement de la stérilité, parce que cette matière rend le terrain humide, onctueux, difficile à travailler et imperméable aux agents fertilisants. On amende ces sols par l'addition de marne argileuse, de limon et de dépôt terreux.

Nous pourrions parler des sols où le plâtre domine (sols gypseux), mais ils sont si rares dans le Département, à part ceux que l'on trouve aux environs de Mansonville, Auvillar et Varen, que nous les citons pour mémoire seulement : disons que ces terrains (les sols gypseux) sont tenaces, peu fertiles, et se dissocient facilement.

c. Les boulbènes (sols argilo-siliceux) occupent une place bien inférieure à celle qui est faite aux ter-res-forts. Ce terrain assez fertile mérite de fixer toute notre attention.

Nos boulbènes sont généralement bonnes ; elles contiennent de 20 à 30 pour cent de sable, de 6 à 12 pour cent d'humus.

Lorsque ce sol repose sur un sous-sol humide, terreux, il peut être classé au nombre des bons terrains.

Toutes nos plaines presque appartiennent à cette classe de terrain ; on les reconnaît à la quantité de pensées sauvages, de petites oseilles, de plantain, de légumineuses que nous voyons végéter dans les champs des cantons de Nègrepelisse, Grisolles, Montech, une partie de Verdun, Montauban.

D'un travail aisé, jouissant de la faculté de donner un accès facile aux influences de l'air, à l'action de l'eau, ce sol est susceptible d'acquérir une grande fertilité par des labours profonds, des fumiers longs, des engrais verts, appelés rafraîchissants par Thaër, tels que les vesces, les lupins, ainsi que par des assolements convenables et des transports de terres.

Il ne faut pas cependant perdre de vue que ces terrains ont besoin d'être remués en temps opportun, qu'ils résistent difficilement à l'action des fortes chaleurs, qu'ils offrent une résistance médiocre aux racines des plantes, et que les engrais s'y conservent difficilement.

Ces terres ont l'inconvénient de se tasser fortement par les pluies, et cette circonstance produit sur les plantes une action funeste, en comprimant leur collet, en arrêtant même leur croissance. Ces sols possèdent en outre la faculté de réfléchir les rayons du soleil; ils sont ordinairement froids. Les marnes, les cendres, sont de bons amendements pour les garantir de la sécheresse, leur donner plus de cohésion et le moyen de conserver plus longtemps le fumier et l'humus.

d. Nous avons à parler aussi d'une nature de terrain d'une fertilité marquée, nous voulons parler des terrains d'alluvion, appelés *terres de rivière*, que l'on trouve sur les bords des cours d'eau. Ces sols, formés par l'accumulation successive de détritus divers, mêlés à la chaux, à l'alumine, donnent aux plantes une quantité considérable de matières assimilables, et on peut juger de cette puissance de végétation en voyant nos blés, nos fourrages surtout, qui croissent sur les bords de la Garonne, du Tarn, de l'Aveyron, de Lemboulas, la Bonnette, la Barguelonne, le Cande, la Seonne, l'Arrats, etc., sur tous les bords enfin de nos nombreux ruisseaux.

Telle est la nature et la composition de nos divers terrains; mais les agriculteurs, tout en reconnaissant la valeur de cette première couche, n'hésitent pas à dire que la seconde, c'est-à-dire le sous-sol, est la plus intéressante à étudier.

§ VI. *Influence du sous-sol.* — Le sous-sol du département de Tarn-et-Garonne est, par sa composition, terreux et quelquefois rocheux ; dans l'un et l'autre cas il donne au sol des propriétés différentes de celles qu'il devrait avoir d'après la nature de sa surface.

a. Lorsque le sous-sol est formé de sable, de limon ou de cailloux, la végétation ne laisse rien à désirer. La riche vallée de la Gimone ne doit sa fertilité qu'à son sous-sol caillouteux, sur lequel reposent presque toutes ses terres ; mais si la terre végétale est siliceuse et le sous-sol sablonneux, le terrain est stérile pendant les années pluvieuses surtout.

b. Lorsque le sous-sol est argileux, et que la couche de glaise qui le forme est très-inégale il a la faculté de retenir l'eau nécessaire à la végétation ; cependant, s'il conservait trop d'humidité il serait nécessaire de rompre cette couche à moins qu'elle ne fût trop épaisse.

En général, le sous-sol marneux est favorable, parce que avec l'araire on peut enlever une légère couche de cette matière très-utile à la végétation des plantes.

Il en est de même pour les sols sabloneux reposant sur un sous-sol argileux : les parties de glaise que la charrue soulève chaque fois contribuent à l'amendement du sol.

c. Les sous-sol rocheux existent dans une grande partie de nos terres. Disposés par bancs d'une difficile décomposition, ces sous-sol résistent longtemps ; les sous-sols calcaires sont plus facilement attaquables.

Quand les roches sont profondes, et qu'elles sont recouvertes d'une mince couche de sable, elles nuisent beaucoup à la nourriture des plantes ; on doit alors s'empresser de les détruire. Mais lorsque le sol est d'une épaisseur suffisante et qu'il repose sur une roche inclinée il peut donner de bonnes récoltes : il faut cependant que ce roc lui-même soit à surface inégale afin de retenir une certaine quantité d'eau.

d. Un sous-sol où domine la chaux, dans lequel repose une terre riche en humus, est très-favorable à

la végétation, mais cette terre sera acide ou maréca-
geuse si elle est placée sur un sous-sol composé de
roches ou d'argile imperméable.

e. Lorsque le sous-sol contient du plâtre ou des sels
métalliques dans de trop fortes proportions, il est très-
mauvais pour les plantes.

En nous résumant, il nous paraît démontré que le
département de Tarn-et-Garonne est formé en grande
partie de terrains argilo-calcaires et argilo-siliceux;
que les sols silico-argileux et sablo-siliceux occupent
une moindre surface ; que dans toutes nos vallées le
riche terrain d'alluvion domine, et que le calcaire
pur et gypteux y est rare.

Ajoutons que tous ces terrains reposent principalement sur un sous-sol très-variable de contexture,
et d'une composition telle que, à l'aide des travaux
sagement combinés, de défoncements bien dirigés,
l'agriculteur peut trouver aisément la récompense de
ses labeurs et de ses soins.

CHAPITRE II

Des diverses cultures dans le Département

§. I. Ce Département, heureusement priviligié par son climat et la nature de ses terres, peut cultiver avec le plus grand succès : le blé, le seigle, l'avoine, le maïs, les fourrages, les racines, généralement toutes les légumineuses et toutes les plantes textiles ou oléagineuses.

Les produits maraîchers de toute espèce donnent des revenus très-satisfaisants ; les aulx, les oignons surtout, sont l'objet d'un commerce lucratif.

A l'aide de quelques soins donnés à la culture de la vigne, l'expérience démontre chaque jour, et d'une manière positive, à quel degré de perfection on peut élever ces récoltes, quelle finesse de goût nous pouvons donner à nos vins de table.

Nos bois bien aménagés, nos taillis bien exploités, sont susceptibles de doubler l'excédant de notre consommation.

Évidemment nous devons nous borner à ces cultures. La situation qui est faite à notre Département par la nature nous impose cette nécessité. Vouloir s'en écarter ce serait tenter d'enfreindre, sans profit aucun, des lois qu'il faut savoir respecter, autant que s'efforcer de les seconder.

CHAPITRE III

ASSOLEMENTS

Assolements divers suivis dans le Département; avantages et inconvénients de ces assolements.

§ I. *Assolement.* — On entend par assolement la distribution des diverses cultures à la terre ; la rotation n'est autre que la série des récoltes demandées au sol en 3, 4, 5 ou 6 ans.

L'agriculture de Tarn-et-Garonne n'est pas en progrès, tant s'en faut; nous n'obtenons pas du sol tout ce qu'il peut produire, d'abord parce que la même plante revient trop souvent sur le même terrain, et ensuite parce que, dans de trop grandes circonstances, nous laissons inutilement en repos une étendue de terrain, connue sous le nom de jachère (1), sous prétexte que ce sol doit reprendre les principes fécondants qu'une culture précédente a pu lui enlever.

Cette manière d'agir est généralement vicieuse. « La terre privée de travail, abandonnée ainsi aux « entreprises des saisons, à la voracité de toutes les « mauvaises herbes, est la pièce à conviction d'une « agriculture arriérée, l'*alternance,* le *choix,* la *variété*

(1) L'existence de la jachère est encore fortement contestée; nous sommes, nous, pour la suppression à quelques exceptions près.

« des *cultures* sont les indices d'une agriculture pro-
« gressive *(Agriculture pratique).* »

a. On doit alterner les récoltes ; ce qui le prouve c'est que lorsque nous cultivons la même plante sur le même terrain, cette plante cesse de prospérer, et se trouve remplacée par de mauvaises herbes. C'est ainsi que l'on voit une vieille luzerne envahie par la cuscute, le brôme, de même que dans un pré on voit souvent les légumineuses succéder aux graminées.

Et comment n'en serait-il pas ainsi, quand on se rend compte de la vie des plantes et des phénomènes divers qui se passent dans l'acte de la végétation ?

Le végétal est attaché au sol au moyen de ses racines ; celles-ci sont pourvues à leur extrémité d'une sorte d'éponge très-poreuse, imperceptible presque, appelée *spongiole,* et dont les fonctions consistent à puiser dans la terre les sucs utiles à l'existence de la plante ; de même, on le suppose, qu'elles excrétent les matières inutiles au végétal.

La plante possède encore d'autres moyens d'existence non moins nécessaires, ce sont les feuilles. Celles-ci sont pourvues, à leur partie inférieure principalement, d'une infinité de petits trous appelés *stomates,* destinés à absorber les gaz propres à la nourriture du végétal, et qui sont répandus dans l'air. Plus les feuilles sont larges et nombreuses, plus elles aspirent, et moins par conséquent les racines ont besoin d'aller chercher au loin leur nourriture.

Nous pouvons donc, d'après ces données, expliquer la difficulté que le sol éprouve à produire constamment la même plante ; c'est que la plante ne peut pas plus se nourrir de ses excrétions que l'animal de ses excréments (1).

b. Le choix des cultures exerce à son tour une influence salutaire ou fâcheuse sur la fécondité du sol. Les plantes, nous l'avons dit, vivent aux dépens de la terre et aux dépens de l'air. Les plantes à feuilles larges, épaisses, sont peu épuisantes, celles qu'on laisse pourrir sur le sol l'enrichissent, parce qu'elles lui rendent ce qu'elles lui avaient pris, tandis que les plantes récoltées en maturité ou celles qu'on enlève en entier, telles que le lin, le chanvre, les céréales, qui laissent tout au plus quelques racines grêles ou quelques tiges creuses, sont beaucoup plus épuisantes que la luzerne, le trèfle, coupés verts, et qui quittent des racines, beaucoup de feuilles et quelques tiges.

c. Une plante douée de propriétés différentes et ne vivant pas aux dépens de la même couche de terre contribuera mieux que le repos à conserver la fertilité du sol. Ainsi nous ferons bien de faire succéder à une plante à racines pivotantes une plante à racines

(1) Nous savons bien que le chanvre, les plantes de nos parterres, les arbres même, sont ramenés ou existent presque toujours sur le même terrain ; mais on peut opposer que pour le chanvre ainsi que pour les plantes d'agrément, nous employons une fumure exceptionnelle, et que les arbres échappent à l'action délétère de leurs déjections par le développement même de leurs racines.

« Au reste, tout n'est pas explicable ; ne voit-on pas des lauriers-roses prospérer, bien que leurs racines sortent des vases où ils sont placés ? Ne sait-on pas que les merles sont très-friands de leurs excréments ? »

traçantes ; ainsi encore nous remplacerons une plante coupée à sa maturité par une plante fauchée en vert.

La terre se reposera donc en la tenant propre, en alternant les cultures, en les variant, soit par des plantes à graines, soit par des plantes à racines, soit en cultivant des plantes de familles différentes.

La jachère est, par conséquent, dans le plus grand nombre de cas inutile, nuisible même.

§ II. *Assolements divers suivis dans le Département. Avantages des uns, inconvénients des autres.* — Pour les boulbènes ou terres légères l'assolement ordinairement adopté est biennal ; c'est une succession indéfinie de blé et jachère avec une large intercallation de racines, de vesces, de lin, de farouch.

Pour les terres plus riches, même assolement avec un peu de maïs.

Pour les bonnes terres on suit un roulement continu de blé et maïs, avec des fèves, des racines, des haricots, etc.

Quelquefois enfin, on met en pratique, mais rarement, un assolement triennal composé ainsi : 1re année blé, 2me année avoine, 3me année jachère morte, avec intercallation en petite quantité de fèves, maïs, racines, vesces, farouch.

Dans ces quatre modes d'assolements une parcelle de terre est affectée à la culture de la grande luzerne (1).

a. Nous ne pouvons d'un seul trait de plume suppri-

____

(1) Improprement appelée sainfoin.

mer tous ces modes d'assolements, nous faisons une
exeption pour le premier. Dans ces terres très-légères,
les *boulbènes blanches*, une culture autre que le blé,
l'avoine, le seigle, avec une intercallation de vesces,
de farouch, de lin, de colza, serait une bien grande
imprudence. Cet assolement doit être respecté ; l'expérience, cette conseillère si sage, si prudente, l'a consa-
cré, en vertu de ce droit immuable du sol qui
persiste à produire exclusivement la plante qui est
appropriée à sa composition. Aussi quelles déceptions
n'éprouvent pas ceux qui veulent cultiver le maïs
dans ces terrains, quand ils savent d'avance qu'à
moins d'une année exceptionnelle et de grandes dépenses, cette récolte et celle du blé qui lui succède ne
donnent que de maigres résultats.

b. Ces réserves faites pour cette nature de terrain,
avançons sans crainte que chacun de ces assolements
qui se pratiquent ici ne saurait être rémunérateur,
même dans les terrains d'alluvion. Cette manière
d'opérer a, au contraire, l'inconvénient grave de faire
revenir trop souvent la même récolte sur la même
terre, et de restreindre beaucoup trop la culture fourragère. De là, difficulté de nourrir les animaux ;
pénurie de fumier, et rendement médiocre des récoltes.

c. Voici un mode d'assolement qui peut être appliqué
à la grande comme à la petite propriété, qui nous
est recommandé par un homme très-compétent.

L'ordre de culture est divisé de manière que le
travail de préparation succède presque à l'enlèvement
de la récolte.

Cet assolement est triennal et consiste par conséquent à diviser les terres labourables en trois sols :

1er tiers. Blé, avoine, seigle; sur le blé on sèmera
le trèfle ou l'esparcette.

2me tiers. Vesces, farouch, avoine et blé pour fourrage, et, en petite quantité, colza, lin.

3me tiers. Pommes de terre, betteraves, raves, maïs,
haricots, pois, fèves.

Faisons observer que toutes ces plantes en général
ne doivent revenir sur la même place que tous les cinq
ou six ans. Le blé, sans doute, peut être cultivé sur le
même champ tous les trois ans, mais il sera dans
tous les cas très-avantageux de lui réserver tout au
moins la place occupée dans la première sole par
l'avoine, le seigle ou l'orge.

Dans cet assolement on ne voit pas figurer la grande luzerne. Cette plante fourragère, si précieuse à
plus d'un titre, est destinée à occuper longtemps la
même place. Si l'on possède quelques parcelles de
terre appropriées à sa culture, on les lui assignera en
mettant un intervalle de six ans entre le défrichement et le retour de la plante.

Ce mode d'assolement nous permettra de donner
à nos terres une plus forte fumure, de labourer en
temps opportun, de nettoyer le sol avec plus de soin,
de reculer le retour de la même plante sur le même
terrain, et de réduire enfin à néant cette jachère rui-
neuse, digne d'un autre temps et considérée aujour-
d'hui comme « un vol fait à la société. »

CHAPITRE IV

Études préliminaires sur la nature extérieure des sols. — Appréciation des terres aptes à la culture de certaines plantes. — Situation à préférer pour le choix des cultures en dehors de l'assolement.

§ I. *Etudes préliminaires sur la nature extérieure des sols.* — Après s'être assuré par l'analyse de la composition du sol, avoir examiné l'épaisseur de la couche végétale, de la nature du sous-sol, et combiné le mode d'assolement, on examinera la position du champ, son exposition, son degré de constitution, sa capillarité, sa faculté plus ou moins prononcée de retenir l'humidité, de conserver ou d'absorber le calorique, son accessibilité même sera prise en considération, ainsi que le mode de culture auquel il a été soumis précédemment (1).

Ces considérations sont de la plus haute importance.

a. Un sol horizontal, à *sous-sol perméable,* est favorable à la végétation par sa faculté de conserver l'humidité en quantité suffisante. S'il était possible de l'arroser il produirait les plantes les plus riches, les plus succulentes. Mais si le *sous-sol est imperméable* l'irrigation produirait des effets funestes aux plantes.

b. Un champ légèrement incliné est ordinairement

(1) Magne.

fertile, parce qu'il peut être assaini, desséché et bien arrosé.

Lorsque la pente est trop raide, les terres descendent facilement par l'effet des eaux, du travail. De plus, le sol végétal est peu profond, les travaux sont difficiles, et la végétation médiocre.

c. Le champ exposé au Sud reçoit les rayons du soleil plus d'aplomb, il est plus exposé à la sécheresse ; tandis que s'il est exposé au Nord, il est plus froid, plus humide.

Les coteaux inclinés à l'Est ou à l'Ouest tiennent le milieu entre les précédents.

d. La terre tenace se travaille difficilement et offre une résistance aux plantes qui germent. Il suffit d'une légère consistance pour presser les racines, les préserver du froid, et maintenir la plante droite. Ainsi, un sol trop siliceux est trop compacte ; le sable lui seul manque de cohésion, et le gravier est stérile.

e. Un sol doit être doué de la propriété d'absorber la rosée, la pluie et les vapeurs que les nuits condensent près des plantes (1).

(1) Schüber a trouvé que :

100 parties de sable siliceux contenaient 25 d'humidité.
   — de sable calcaire — 29 —
   — de glaise maigre — 40 —
   — de glaise grasse — 50 —
   — d'argile pure — 70 —
   — de terre calcaire fine — 85 —
   — de terreau — 90 —

La magnésie carbonatée contient quatre fois son poids.

f. Le sol doit être perméable ; son état de capillarité doit être tel que la pluie, ou l'eau que l'on introduit par irrigation, après avoir humecté l'intérieur du sol, fasse remonter l'humidité à la surface. C'est ainsi que le sol bien travaillé, bien ameubli, souffre moins de la sécheresse que celui qui est dur et foulé.

g. Le sol doit être constamment frais. Il le sera d'autant plus qu'il sera poreux, perméable à l'air, à l'eau. La tourbe, l'argile, par leur défaut de perméabilité, se dessèchent facilement, et retardent l'action des engrais.

Le sable, la chaux mélangés à ces sols modifient très-bien ces défauts.

h. Un sol de couleur foncée, par la présence de principes ferrugineux qui absorbent et retiennent les rayons solaires, est assez fertile, tandis que la craie, l'argile, le sont moins parce qu'ils absorbent moins de chaleur.

i. Une terre voisine d'un coteau sera plus chaude que celle qui n'est pas abritée. Un champ sera plus froid ou plus chaud selon qu'il réfléchira plus ou moins les rayons du soleil.

j. Le voisinage de l'eau modifie les grandes chaleurs pendant l'été ; les bois arrêtent les grands courants d'air.

k. Le mode de culture, enfin, à donner au champ est subordonné à son accessibilité plus ou moins facile (1).

Telles sont les études auxquelles doit se livrer l'agriculteur, afin de reconnaître les diverses aptitudes du

____

(1) *Traité pratique d'agriculture.*

sol pour telle ou telle culture, et savoir réserver telle plante au sol qui lui est propre. Dans la pratique des assolements, combien de progrès agricoles ont été retardés par la négligence ou l'oubli de ces règles élémentaires, dit Magne.

§. II. *Appréciation des terres aptes à la culture de certaines plantes.* — On agira sagement en adoptant la classification suivante :

a. Dans les sols argileux, riches en humus, un peu calcaires, à sous-sol identique à celui de la couche végétale (composition de terres sans défauts), tels qu'on les trouve sur les bords des cours d'eau, nous cultiverons le blé, le maïs, le trèfle, les fèves, le colza, la luzerne ; dans ces terrains, cette dernière plante se conserve forte et vigoureuse pendant de longues années.

b. Dans un terrain moins argileux, plus meuble que le précédent, mais profond, riche, nous cultiverons la luzerne, les pommes de terre, le colza.

c. Au sol argileux un peu calcaire, avec une proportion suffisante d'humus, tel que nous le trouvons souvent sur nos coteaux, nous demanderons du blé, du trèfle, du colza, de la luzerne, mais cette dernière plante ne peut durer longtemps sur ce terrain.

d. Les sols qui renferment 10 pour cent de silice, autant d'argile, et de la chaux en quantité appréciable, et un sous-sol perméable, conviennent au blé, au seigle, à la pomme de terre, à la betterave, au trèfle, à la luzerne principalement ; mais, pendant la sécheresse, le blé et le trèfle y souffrent. Dans ce même terrain, dont le sous-sol est marneux, tel qu'il existe sur nos plateaux peu élevés, nous cultiverons l'esparcette, le blé, l'orge, le seigle, les pommes de terre ; là, le blé donne peu de paille, mais son grain est de bonne qualité.

e. Une terre argileuse, compacte, avec une forte proportion d'humus, à sous-sol imperméable, est propre au trèfle, au blé, à l'avoine ; seulement elle exige beaucoup de frais de culture.

f. Une terre blanche, siliceuse, à sous-sol de sable, de cailloux, donne, avec de fortes fumures, de belles récoltes en racines, seigle, avoine. Le blé n'y vient que dans les années pluvieuses.

g. Les sols argileux, privés de chaux, à sous-sol imperméable, conviennent au blé, à l'avoine, au trèfle, à la condition qu'ils recevront une forte fumure, que l'on répandra de la chaux, de la marne, et que l'on pratiquera des labours profonds.

h. Les sols fortement chargés de chaux, mais privés de plâtre, sont propres à la culture du blé et de toutes les légumineuses.

i. Dans les sols argileux où l'on trouve l'humus et la chaux en quantité passable, si on les travaille fréquemment, on peut cultiver les fèves, l'avoine, la luzerne, le trèfle, les vesces, les pommes de terre, le blé, la vigne.

j. Dans les sols siliceux, fumés, remués souvent et semés de bonne heure, nous cultiverons le seigle, l'orge, les pois, les carottes, les pommes de terre, l'esparcette et toutes les graminées.

k. Dans les sols argilo-calcaires, tels que nous les possédons, nous cultiverons les raves, les fèves, le blé, l'orge, si l'on veut.

l. Le sol argilo-siliceux, pur, sans une petite quantité de chaux, est peu favorable aux cultures ; on doit y ajouter cette substance ou la marne.

m. Dans les sols argilo-ferrugineux, nous obtiendrons une médiocre végétation. Ce terrain sera propre tout au plus à la culture de la vigne ; les vins blancs récoltés dans ces sols contiennent beaucoup d'alcool.

n. Enfin, les terrains qui se trouvent sur nos coteaux les plus élevés ne donnent que de maigres pâturages (1) et encore faut-il que ce sol contienne un peu de silice et de chaux.

§. III. *Situation à préférer pour le choix des cultures en dehors de l'assolement.* — Cette étude sera très-sommaire, par ce motif que nous sommes dans l'intention de traiter plus spécialement ailleurs de la culture de la vigne, des bois, et des prés naturels.

a. La vigne, cette plante vivace, modeste dans ses goûts, s'accomode de toutes les terres, à l'exception des sols fortement argileux, gras, humides. Un sol qui contient une forte dose de chaux, de fer, celui où la silice, l'alumine et la chaux se trouvent en proportions convenables, est très favorable à sa culture. La vigne prospère bien aussi dans les terrains où l'on trouve du gravier, des pierrailles.

---

(1) Exceptons Montalzat, point le plus élevé du Département, où la végétation est très-luxuriante.

b. Pour les bois, nous choisirons les terrains montueux, escarpés, d'un accès pénible, d'une exploitation difficile, mais d'une nature fertile.

c. Pour les prairies, enfin, nous donnerons la préférence aux sols argileux, à la condition que cette substance ne soit pas en excès au point de favoriser la pousse des mauvaises herbes, telles que les joncs, les roseaux, etc.

Les sols humides aussi, ceux qui sont sujets aux inondations, ceux qui sont éloignés du centre de l'exploitation, ceux dont l'inclinaison offre des difficultés pour être labourés avec l'araire, seront consacrés à l'établissement de la prairie naturelle ou permanente.

CHAPITRE V

Assainissement du sol. — Divers moyens d'assainissement du sol suivant les cultures diverses. — Avantages et inconvénients du drainage par tuyaux. — Signes principaux indiquant la nécessité d'assainir un terrain.

§ I. *Assainissement du sol.* — Affranchir le sol de son excès d'humidité a été de tout temps l'objet d'études très-sérieuses.

En effet, la présence de l'eau dans la terre est un agent nécessaire aux plantes qui vivent plutôt en buvant qu'en mangeant. L'eau donne de l'activité à leurs fonctions vitales, facilite les mouvements de la séve, sert de véhicule à toutes les matières qui font vivre les plantes (1), et finit par se décomposer elle-même pour servir d'aliment, mais faut-il qu'elle existe dans le sol dans une certaine proportion.

Si l'eau se trouve en trop grande abondance, elle a l'inconvénient de gonfler outre mesure les tissus des plantes, de ralentir la chaleur, de modifier la circulation, de la suspendre définitivement, et de rendre impossible la vie du végétal (2).

(1) La plante n'est pas, comme l'animal, pourvue d'organes spéciaux pour dissoudre la nourriture, et la rendre propre a être absorbée.

(2) BARRAL. — *Traité de l'irrigation.*

Il faut donc que l'eau circule régulièrement et lentement dans le sol, qu'elle disparaisse de la terre, en la laissant ni trop humide ni trop sèche ; si cette dernière condition n'existe pas, il faut se hâter d'y porter remède.

On constate l'excès d'humidité : 1° dans les terrains qui manquent d'inclinaison ; 2° chez ceux qui reposent sur un sous-sol imperméable ; 3° sur tous les terrains argileux, glaiseux, et 4° enfin sur tous les sols chez lesquels l'alumine existe en trop grande abondance ; inconvénient bien connu, parce que ces terrains rendent l'eau très-difficilement, après qu'ils l'ont reçue.

Au reste, que l'excès d'humidité dans le sol reconnaisse pour cause l'accumulation à la surface des eaux pluviales ou autres, ou bien qu'il soit dû à la présence d'un réservoir ou de sources souterraines, toujours est-il que la terre est toujours imperméable, dure, compacte, et qu'elle s'oppose suffisamment à la circulation de l'air pour nécessiter certaines opérations propres à favoriser l'écoulement des eaux et éviter la stagnation.

§ II. *Divers modes d'assainissement du sol, suivant les cultures diverses.* — Le même mode d'assainissement ne saurait être appliqué pour tous les vices qui provoquent un excès d'humidité dans le sol ; il en est de même pour toutes les cultures. Les motifs sont aisés à comprendre.

Lorsqu'une terre souffre de la présence de l'eau pluviale, de source ou autres, les fossés à ciel ouvert, les rigoles, les transports de terre ou petits monticules établis sur les champs sont généralement employés. Si, au contraire, l'humidité est provoquée par l'existence de réservoirs ou sources souterraines, on a recours aux fossés couverts ou aqueducs, ces dernières opérations connues plus particulièrement sous le nom de drains.

Certaines cultures, avons-nous dit, exigent des modes spéciaux d'assainissement. Nos cultures, en effet, se divisent en quatre grandes classes, qui sont : 1° les vignes; 2° les bois; 3° les prairies naturelles, et 4° les terres arables. Il est évident qu'un déblai de terre, par exemple, pratiqué sur une prairie qui pêcherait par défaut de pente, aurait pour effet de détruire entièrement la récolte la première année, tandis que cette opération est favorable à la terre arable.

D'un autre côté nous ne parlerons pas ici des divers moyens qui consistent à mêler certaines substances à quelques terres humides pour les rendre plus légères, plus perméables à l'eau, c'est une partie de l'art des amendements (1). Nous nous occuperons seulement des travaux qui sont du domaine des dessèchements.

Chaque culture donc, chaque cause de maladie demande un mode particulier d'assainissement, un procédé spécial d'égouttement. Nous allons décrire le

---

(1) Il ne faudrait pas croire que les amendements constituent à eux seuls le moyen de dessécher les sols. Nous verrons, en parlant de ces agents, que la chaux, la marne, par exemple, qui ne sont que des amendements, possèdent la faculté contraire de rendre le sol plus perméable à l'eau.

manuel pratique de chacun de ces procédés, et en même temps indiquer à quelle culture ils s'appliquent.

a. Pour débarrasser un champ à surface plane des eaux superficielles, nous creuserons d'abord des fossés découverts à une profondeur telle qu'ils puissent conduire l'eau directement, sans contours, si c'est possible, du lieu où ils la prennent à celui où ils la déposent. Nous donnerons à ces fossés une inclinaison de cinq centimètres par cent mètres de parcours, et nous disposerons le talus de telle manière que la largeur égale une fois et demie ou deux la profondeur. Ce mode d'assainissement est le seul praticable pour les prairies. On peut aussi le mettre à profit pour toutes les cultures en général. Seulement si, dans l'exécution des travaux, on trouve une nappe d'eau, on doit la recueillir avec le plus grand soin et favoriser son écoulement.

b. Les transports de terre sont de bons moyens d'assainissement d'un champ qui se trouve disposé comme le précédent. Cette opération, ainsi qu'on la pratique avec beaucoup de succès à Montech, Grisolles, Nègrepelisse, Montauban, et dans tous les pays plats, consiste à faire de petits monticules, des plans légèrement inclinés, selon la longueur des champs, de 50 centimètres de hauteur de la base au sommet, sur une longueur de 50 mètres, au moyen de la brouette, du tombereau, ou encore avec la ravale. Nous recommandons expressément, pendant les deux premières années qui suivront cette opération, de fumer abondamment les parties déblayées, et de labourer en travers le long des égouts.

Ce mode d'assainissement est éminemment avantageux aux sols arables et aux vignes; seulement, on regrette qu'il gêne la circulation des charrettes, et qu'il provoque l'établissement d'un grand nombre d'égouts (gouttiers); mais ces inconvénients sont largement compensés par le bien qu'ils produisent. Dans les vignes surtout, cette opération, comme d'ailleurs tous les modes d'assainissement, a pour effet de rendre le bois plus vigoureux, le fruit plus abondant, le vin plus généreux.

Si la stagnation de l'eau a lieu dans les couches inférieures et profondes, et qu'elle soit due à l'existence d'un ou plusieurs réservoirs, on fera usage de fossés couverts, d'aqueducs.

c. Les fossés couverts ne sont autre chose que des tranchées étroites, creusées dans le sol en forme de coin, et que l'on remplit de cailloux, de débris de roc.

Avant d'entreprendre ce travail, il sera nécessaire de pratiquer divers sondages pour s'assurer de la profondeur de la couche végétale, de la nature du sous-sol, et se rendre compte de la quantité d'humidité existant dans la terre, de la manière dont l'eau trouve ou cherche son écoulement, si elle vient des eaux de pluie ou de quelques sources.

Après avoir pris ces précautions, on creuse une tranchée en ligne droite, la gueule deux fois plus large que le plafond, assez profonde pour arriver jusqu'à la couche où on voit sortir l'eau, et on s'assure de la pente nécessaire à l'écoulement en jetant en tête de la tranchée quelques baquets d'eau; puis on met dans ce fossé une couche de 50 à 60 centimètres de hauteur de cailloux, ou bien, de préférence, quelques fragments de roche, en ayant soin au préalable d'accoupler en triangle, au fond de la rigole, une partie de ces rocs les plus gros, afin de donner un libre cours à l'eau. On termine enfin par recouvrir le tout avec de la paille ou, mieux encore, des fagots de bois, et, en dernier lieu, d'une couche de terre. On peut compter sur le fonctionnement de ces drains pendant vingt-cinq ou trente ans et plus, si l'opération est bien faite. Ce mode d'assainissement est applicable aux vignes, aux bois, aux terres arables même.

Pour l'exécution de ces travaux, il peut se présenter un obstacle : celui d'un défaut de pente. Dans ce cas, on a deux moyens à sa disposition : l'un, de construire une rigole d'écoulement dans l'héritage voisin, moyennant une juste et préalable indemnité (loi du 10 juin 1854), jusqu'à ce que l'on puisse faire déboucher l'eau dans un ruisseau ou un fossé-mère ; et l'autre, si la couche souterraine est mince, de creuser jusqu'au gravier ou au sable un puits appelé *bois-tout*, vers lequel on dirige les eaux. Si la couche imperméable est trop épaisse, on use d'un autre moyen : celui de la perforer de plusieurs trous, à l'aide d'une vrille. Ces ouvertures, que l'on garnirait de cailloux roulés, seraient aussi destinées à recevoir les eaux des rigoles ou tranchées d'écoulement.

§ III. *Avantages et inconvénients du drainage par*

tuyaux. — Dans ces derniers temps, on s'est beaucoup préoccupé d'un mode d'assainissement des sols au moyen de tuyaux de terre cuite, que l'on doit à l'invention de l'ingénieur anglais Smith.

Nous décrirons ce procédé d'une manière sommaire, parce que l'expérience démontre aujourd'hui que son utilité est très-contestable.

On admet que ces tuyaux agissent par aspiration continue, et qu'ils doivent être placés à une profondeur de 1 mètre 20 de la surface, avec une pente de 1 millimètre par mètre.

Pour opérer ce drainage, on doit avoir à sa disposition des tuyaux de diverses grosseurs : les uns petits, pour recevoir les eaux des parties supérieures, et les verser dans des tuyaux moyens, pourvus d'une échancrure et placés dans les parties les plus basses ; les autres, plus gros, appelés *collecteurs*, destinés à conduire les eaux vers un ruisseau ou un grand fossé, but facile à atteindre avec les dispositions de la loi précitée (10 juin 1854).

Les lignes des drains doivent suivre constamment la pente naturelle du sol, et être espacées ainsi : dans les terrains sablonneux, de 15 à 20 mètres ; dans les sols argileux entremêlés de sable, de gravier, de pierres, de 10 à 15 mètres ; dans les sols vaseux, de 8 à 12 mètres.

Ces règles générales bien observées, le terrain sera nivelé, jalonné ; les rigoles creusées à la profondeur voulue, et leur fond nettoyé aura une forme cylindrique. Là, on portera les tuyaux au bout les uns des

autres, le plus près possible, en ayant la précaution
d'abord de boucher l'ouverture du premier drain à
l'aide d'une grosse pierre, de placer ensuite entre le
dernier et l'avant-dernier tuyau, si celui-ci ne verse
pas dans un collecteur, un grillage en fil de fer, pour
opposer un obstacle à tout ce qui pourrait s'y intro-
duire ; on continue encore en mettant sur les joints des
tuyaux, le plus près possible, en guise de manchon,
un morceau de tuyau cassé ou un tesson de tuile-
canal. Puis enfin, après avoir donné autant que cela
se pourra de la solidité à ces drains, sans les déranger,
on les recouvrira entièrement de terre, en la tassant
fortement.

A l'aide de diverses opérations de nivellement, on
peut assainir ainsi tous les sols, seraient-ils plats,
inclinés, à surface accidentée, avec vallée ou en forme
d'entonnoir.

Ce mode de drainage a bien ses avantages : il assure
la circulation de l'air, donne un écoulement facile à
l'eau, favorise l'infiltration des eaux estivales, assou-
plit notamment le terrain au point de substituer les
labours plats aux labours à billons; mais ces avantages ne sont pas de longue durée. Indépendamment
des frais nécessités pour l'achat et la pose des tuyaux,
ces drains ont l'inconvénient d'être sans effet aucun
après deux ou trois ans d'existence. Pour peu qu'ils
soient placés près des arbres, un réseau, un tissu
inextricable de racines, espèce de chevelu, de feutre,
vient occuper tout le vide des tuyaux, et s'étend d'un
bout à l'autre, bien que les drains soient placés à la

profondeur voulue. Ce même inconvénient se produit lorsqu'on draine les vignes avec ce genre de drain. Ce n'est pas tout : il arrive aussi que les tuyaux s'engorgent de limon, de vase, en assez grande quantité pour barrer le passage de l'eau.

Mettons au rang du précédent par son insuccès le drainage vertical, usité pour assainir les sols sur lesquels on trouve soit des monticules assez élevés devant nécessiter des tranchées trop profondes pour exécuter un drainage horizontal, soit des champs placés dans une enclave telle qu'on ne puisse jouir du bénéfice de la loi du 10 juin 1854, soit enfin de terrains trop bas.

Dans ce cas, on a proposé de percer le sol à l'aide d'une vrille, en faisant des trous verticaux au nombre de soixante par 100 mètres carrés ; puis, dans chaque ouverture de sonde, on place ou une petite pièce en bois ou, mieux encore, un ou deux tuyaux de terre cuite, selon la profondeur du trou. Il est entendu que la sonde traversera toute la couche de terre ou de roc imperméable, et qu'elle arrivera sur la couche de sable ou de gravier. On termine par déposer sur chaque ouverture une couche de 5 à 6 centimètres de gravier ou de petits cailloux.

Comme dans le drainage horizontal, le drainage vertical donne lieu à l'obstruction des tuyaux. Donc, pour assainir nos terres, nous donnerons la préférence d'abord aux transports de terre, ensuite aux fossés ou rigoles d'écoulement, et enfin aux fossés couverts comblés avec des cailloux, des pierres ou des débris de roches.

§ IV. *Signes principaux indiquant la nécessité d'assainir un terrain.* — On reconnaît qu'une terre a besoin d'être assainie lorsque la végétation reste misérable, quand on voit surtout croître spontanément le jonc, le roseau, la prèle, la mousse.

Toute plante qui végète dans un lieu humide est grossière, rougeâtre.

Un champ sur lequel l'eau séjourne après la pluie, qui se crevasse après une légère gelée, où l'on voit une goutte de glace adhérer aux jeunes plants du blé, par exemple, sont la preuve manifeste que cette terre souffre d'un excès d'humidité.

Après les vents du printemps qui ont desséché la terre, lorsque l'on peut supposer qu'il n'existe plus d'humidité dans le sol, si on aperçoit dans un champ des places revêtant une couleur plus foncée, on peut dire que ce terrain contient trop d'humidité.

Dans un sol humide, le chêne, l'ormeau, se couvrent de mousse ; leur écorce devient rude, raboteuse ; les arbres fruitiers ne portent plus de fruits, et deviennent ou restent rabougris.

« Disons enfin que les signes fournis par la terre qui souffre de l'humidité sont : lorsque l'eau s'infiltre difficilement dans le sol ; qu'elle demeure plusieurs jours au fond des raies, dans les excavations ; lorsque la terre est poisseuse ; lorsque enfin, après une pluie abondante qui a tassé la terre, on voit à la surface se former une croûte dure, qui, plus tard, sous l'influence de quelques jours de chaleur, se fend et forme des ouvertures larges, profondes et béantes. »

CHAPITRE VI

Instruments en usage pour la culture du sol. — Pelleverse, Houe, Pioche - Charrue - Défonceuse, Herses, Extirpateurs, Rouleaux, Scarificateurs, Houes à cheval, Buttoirs, etc. — Utilité, Avantages spéciaux de chacun d'eux.

§ Ier. *Instruments en usage pour la culture du sol. —* Que l'on veuille ameublir le sol à bras d'homme ou à l'aide d'animaux, dans l'un et l'autre cas on fait usage de divers instruments.

a. Pour la culture à bras d'homme, on emploie le pelleverse *(pallabès)*, instrument à manche long, droit, et à lame droite aussi, celle-ci tantôt plate ou légèrement concave, plus ou moins pointue à son extrémité, tantôt aussi à deux ou trois dents.

b. La houe *(foussou)*, grande bêche à manche court, dont la lame, large de 22 à 24 centimètres, plane ou concave, forme avec le manche un angle légèrement ouvert. Lorsque la lame est à deux dents, cet instrument prend le nom de *bencat;* lorsqu'il est à trois pointes, on l'appelle généralement *bencadello.*

c. La pioche *(trinque)*, dont le manche est court, la lame étroite (10 centimètres environ), celle-ci, comme la houe, formant avec le manche un angle presque aigu.

Pour cultiver la terre avec les animaux, nous devons faire usage de charrues, de défonceuses, de herses, d'extirpateurs, de fouilleuses, de scarificateurs, de buttoirs, etc. Étudions chacun de ces instruments.

Bien que nos instruments agricoles soient arrivés à un degré de perfection assez notable, ils sont appelés à être modifiés à mesure que se fera le progrès de l'agriculture. La machinerie agricole n'a pas dit son dernier mot, et notre foi dans l'intelligence des cultivateurs nous fait espérer que, à son tour, elle ne restera pas stationnaire (1).

§ II. *La charrue* (2). — Cet instrument est de première nécessité en agriculture; c'est la clef de tous les travaux des champs.

Une charrue, pour être bien faite, doit enterrer profondément le gazon, ramener aisément la couche inférieure à la surface, remuer le plus de terre possible, et cela avec un tirage médiocre.

La charrue doit marcher facilement, sans ressauts, se guider sans efforts, jouir d'une solidité à toute épreuve, et avoir l'avantage de n'être pas d'un prix trop élevé dans sa construction, ni dans son entretien.

(1) On nous dit cependant : « Sachons agir avec prudence. Observons avant d'entreprendre, et tenons-nous constamment à égale distance de l'enthousiasme qui veut tout essayer, et de la routine qui ne veut rien faire.

(2) Désignation impropre, mais que nous conserverons, puisque l'usage le veut ainsi ; car le mot charrue de *cursus* (*char*) s'applique à ces outils aratoires pourvus d'un avant-train, usités dans le Nord, tandis que le mot *araire* (du latin *arare*), tel qu'on le désigne dans beaucoup de localités par *araïré, harnés,* serait certes beaucoup plus significatif.

Avons-nous toujours la réunion de ces qualités dans notre charrue? Est-elle toujours assez simple, assez solide pour faire un labour correct, trancher la terre, l'ameublir comme le pelleverse ou la bêche à trois dents, pour la rendre perméable à l'eau, à l'air, à la lumière? Nous ne le pensons pas. Cependant personne n'ignore que des bons labours dépendent la bonne culture, les bons rendements.

Or, comme la perfection des labours dépend en partie sans doute de l'habileté du laboureur, mais principalement du mode de construction de l'instrument, voyons par conséquent les règles qui doivent présider à son ajustage.

1. La courbe, appelée *pli*, doit être disposée de manière que le talon touche constamment le sous-sol non remué. Cette pièce, à laquelle se fixent les étançons, le soc, le mancheron (estèbo), doit être assemblée avec le corps de la charrue selon un angle de 110 degrés.

2. La *reille* (reillo) doit être triangulaire, bien tranchante, et dépasser de deux ou trois centimètres la ligne qui suit l'extrémité postérieure et intérieure du versoir

3. Le *coutre* (bufferi) doit être incliné afin de rompre la terre, la diviser en la soulevant; il faut que le trou du pli soit percé bas.

4. Le *versoir* (mousso) doit être contourné de telle sorte qu'il soulève la terre, la retourne en même temps sans la butter.

5. Sur l'*age* enfin (l'asto), long de 2 mètres 63, s'articule à sa partie supérieure un morceau de bois

long de 0 mètre 70 percé de plusieurs trous (timou-
nal), afin que la ligne du tirage soit parallèle au
sol (1). L'age est muni aussi à sa partie inférieure
d'une vis de pression ou régulateur pour ôter ou donner de l'entrure au soc.

Quant au poids de l'instrument il doit être plutôt
lourd que léger. On s'accorde à reconnaître que la
conformation influe beaucoup plus que le poids sur
la résistance. Une charrue qui pèse 35 à 40 kilos pour
les labours ordinaires, et 50 à 55 kilos pour les labours
de défoncement pourrait être portée à 10 kilos de plus
pour cette dernière, et 5 kilos pour la première, si
elles sont bien construites..

Ces prescriptions sur la construction de la charrue
sont très-importantes. Supposons, en effet, le coutre
placé à quelques millimètres trop haut ou trop bas,
trop à droite ou trop à gauche; supposons encore les
animaux attelés trop long ou trop court, ces défauts
rendront la marche de l'instrument irrégulière, impossible même, tant est grande sa sensibilité.

Ici, nous éprouvons le besoin de nous écarter mo-
mentanément de notre sujet, pour nous occuper des
divers modes de labours donnés au sol à l'aide de la
charrue, de leur utilité et de leur influence, selon leur
mode de confection.

Nous ne parlerons pas de l'ordre des façons que

(1) « Dans le labourage, le tirage s'opère sous un angle qui varie entre
10 et 25 degrés selon la taille des animaux ou la longueur de l'age. Plus
celui ci est long, plus le tirage est pénible, et réciproquement. »

l'on donne ordinairement au sol : ceci est assez connu.

Chacun sait que, par le premier labour *(rompré)*, on déchaume, on retourne la surface d'un champ ou d'un pâturage ; que, par le second *(bina)*, on donne une seconde façon, un second labour à la terre ; que, par le troisième *(tierça)*, on laboure le champ une troisième fois ; que, par le quatrième enfin *(quarta)*, le champ est labouré quatre fois. Plus tard, on laboure une cinquième fois, mais alors très-superficiellement, pour semer.

Ces détails, que nous venons de donner pour connaître seulement l'ordre des labours, sont très-secondaires, on le conçoit, en présence de leurs effets, dont nous avons à nous occuper plus spécialement.

Non-seulement les labours ont pour but, ainsi que nous l'avons dit, d'ameublir le sol, de favoriser l'accroissement des racines, l'infiltration des pluies, de la rosée, de l'air, mais encore de détruire les herbes adventives, annuelles ou vivaces ; d'augmenter les propriétés physiques du sol, de le rendre plus poreux, plus léger, de l'aérer, si l'on veut, de remuer enfin complétement la terre, de telle manière que, dans le fond de la raie, il n'existe pas de coussinets *(couissis,* ainsi désignés dans notre pays).

Pour atteindre l'ensemble de ces résultats, et en même temps dans le but de cultiver telle plante ou bien d'en détruire telle autre ; pour changer aussi ou modifier le mode d'assolement, soit encore selon les circonstances ou les habitudes locales, ces derniers motifs n'étant pas toujours à dédaigner, nous emploierons tantôt des labours *renversés*, tantôt des labours *obliques*, tantôt des labours *droits* ou *plats*, ou bien des *labours* en *planches* et en *billons*.

a. Les labours renversés seront mis en pratique quand il s'agira de rompre un gazon, d'enfouir des herbes. Ce labour, qui consiste à faire supérieure la face inférieure de la bande de terre, a l'inconvénient de rendre le sol trop uni et mal disposé à recevoir les influences de l'air.

b. Nous emploierons le labour oblique, celui qui retourne en partie, couche obliquement la tranche de terre, pour exposer à la gelée, au soleil, les racines des plantes. Un coup de herse donné immédiatement après ce labour facilite beaucoup le résultat que l'on veut obtenir.

c. Nous conseillons l'usage modéré des labours droits et plats : le premier a l'inconvénient de recouvrir imparfaitement l'herbe ; le second, de donner au champ une surface trop unie, de nuire à l'écoulement des eaux, excepté dans les sols en pente ou très-perméables.

d. Nous n'en dirons pas autant des labours en planches *(moussados)*; leur utilité est bien reconnue, malgré leur analogie avec les labours plats. Dans les terres franches, c'est le seul mode de labour, à l'exclusion de tout autre. Pourvu que les rigoles facilitent l'écoulement des eaux, on n'a pas à s'occuper de leur symétrie ni de leur division : on peut les multiplier à volonté.

La manière de former les planches prouve surabon-

damment les avantages de ce genre de labours. On
trace une raie, le long de laquelle on ouvre la seconde
de l'autre côté, de sorte que les deux bandes retour-
nées se rencontrent et forment un ados, jusqu'à ce
que l'on obtienne une bande de terre large de 2 à
3 mètres au plus, cette bande de terre étant bornée
par une raie ouverte ou rigole.

Ce mode de labourer le sol procure ces avantages :
1° de remuer, de déplacer entièrement toute la terre ;
2° de débarrasser le champ de toutes les mauvaises
herbes ; 3° de faciliter l'épandage du fumier, la distribution des semences, et enfin de faire usage des instruments perfectionnés, des rouleaux, des moissonneuses, etc.

Nous ne craignons pas d'avancer que les labours
en planches doivent être adoptés pour la plus grande
partie des terrains, même pour les sols humides,
puisque, par des transports de terre et à l'aide des
amendements, on peut corriger ces défauts.

e. Le labour à billon *(sillou)* est celui qui consiste à
ouvrir des rayons parallèles dans la longueur d'un
champ, en déversant toujours la terre de gauche à
droite, et à former des planches étroites et bombées
vers le milieu, d'un mètre de largeur environ à leur
base, pour laisser définitivement un sillon vide au
milieu.

Tous nos agriculteurs connaissent ce mode de
labourer.

Bien que ce mode de travailler la terre s'oppose ou
rende très-difficile encore l'usage des moissonneuses ;

bien que le billonnage expose le champ à une forte
sécheresse en été, parce que l'eau qui tombe dans
cette saison glisse facilement au fond de la raie ; bien
que, dans les terrains sujets au déchaussement des
plantes, ces labours favorisent cette disposition, nous
tenons à dire que ce mode de labourer ne saurait être
proscrit définitivement dans toutes nos boulbènes,
surtout dans tous les terrains plats à sous-sol imperméable.

En principe, nous avons à nous défendre d'un excès
d'humidité dans le sol : toute stagnation d'eau dans
une terre la frappe de stérilité ; lorsque les rigoles
d'écoulement, le drainage souterrain, sont impuissants
à changer cet état de choses, les labours à billons
avec transports de terre sont les moyens certains de
vaincre ces difficultés.

Terminons ce que nous avons à dire des labours par
quelques préceptes qu'il nous paraît utile de faire
connaître.

a. Quel que soit le mode de labourer, on doit renverser la bande de terre de manière à ce qu'elle soit
placée sous un angle de 45 degrés.

b. C'est à la première façon qu'il convient de détacher du sous-sol la couche à incorporer à la terre
arable.

c. La longueur des sillons doit être calculée, autant
que cela se peut, de manière à éviter des tournées
répétées. Les réages trop courts fatiguent les animaux.

d. Les labours doivent être assez multipliés, pour
détruire les mauvaises herbes.

e. Les sols argileux, ordinairement tenaces, demandent des labours fréquents.

f. On doit labourer dans la direction de la pente du champ, pour donner un écoulement facile à l'eau; cependant, si la pente était trop forte, on doit labourer obliquement.

g. La tranche de terre soulevée par la charrue ne doit être ni trop épaisse ni trop mince; elle sera moyenne, afin qu'elle soit renversée à moitié.

h. Dans les labours à billon, quand il s'agira de la seconde façon, on donnera le premier coup de charrue dans la direction du premier labour; par ce moyen, on déplacera de nouveau le billon comme la première fois. Cette pratique prend le nom de labour par *ados*, appelé *foro-dos*.

i. On devra s'abstenir de labourer par un temps sec ou trop humide. Le sol labouré par un temps trop sec a l'inconvénient de faire des mottes dures, sur lesquelles les racines n'ont pas de prise. Si le sol est labouré étant trop humide, on gâche la terre, et le talon de la charrue établit une planche où l'eau est retenue longtemps. *Mieux vaut saison que laboraison,* dit Olivier de Serres.

j. Nous recommandons enfin, après chaque labour, de curer les égouts, avec la houe dans les plaines et avec la charrue dans les coteaux.

Dans une exploitation agricole, pour la culture des racines, des fourrages, au commencement de chaque rotation, on a besoin d'augmenter l'épaisseur de la terre végétale, de la mêler avec une partie de la couche inférieure ou du sous-sol, terres ordinairement neuves. Cette opération alors prend le nom de *labours de défoncement*.

Ces labours, pratiqués dans les sols calcaires, siliceux, argileux, ont aussi pour effet de nettoyer le sol, de préserver la plante contre la sécheresse et une trop grande humidité.

Ce mode de labourer est nuisible aux terrains à sous-sol mauvais, aux champs récemment marnés ou chaulés, et aux terrains gazonnés. Dans ce dernier cas, on fera bien de passer un labour superficiel avant le précédent, afin de placer le gazon entre deux terres.

Faisons observer que le défoncement du sol doit être pratiqué, dans une certaine mesure, parce que ces labours ramènent à la surface une terre souvent impropre à la végétation, comme cela a lieu, du reste, dans les défoncements à la bêche à trois dents, et que ces terrains demandent une trop grande quantité d'engrais pour être aptes à la culture des plantes.

Après cette courte digression sur les labours, que l'on nous pardonnera en raison de leur importance ou de leur influence sur la production agricole, nous devons nous occuper de notre sujet : d'abord de la charrue de notre Département, ensuite de celles dont l'usage a été sanctionné par l'expérience.

a. Proclamons bien vite, et avec satisfaction, l'abandon fait par nos agriculteurs de cet assemblage de pièces aussi imparfaitement ajustées que fonctionnant mal, de la charrue en bois, pour adopter cet excellent outil, la charrue en fer.

Cette transformation, ce progrès, il faut le dire, est dû, sans doute, au désir que chacun avait de bien faire, mais encore, et principalement, à l'initiative constante de nos comices cantonnaux, qui offraient non-seulement de fortes primes aux constructeurs, mais aussi donnaient ces instruments en prix aux divers lauréats du concours.

Ces charrues donc, telles qu'on les trouve sur les coteaux ou dans les plaines, à quelques différences et à quelques exceptions près, fonctionnent assez bien; nous disons *assez bien,* parce que nous voudrions qu'on y apportât les modifications suivantes :

La pointe de la reille devrait être plus pointue, tricuspède presque; ses bords devraient être plus tranchants sur chaque face;

Le coutre devrait être plus incliné;

Le versoir disposé de telle sorte, contourné de telle manière, qu'il pût rompre, diviser, renverser la terre, afin que le frottement ne fît pas l'office d'un coin qui semble entrer par la force.

Après ces modifications, que nous soumettons, d'ailleurs, avec confiance à nos constructeurs, et plus de poids étant donné à cet instrument, il sera perfectionné au point d'obtenir tous les labours exigés par notre sol et pour tous les genres de culture.

b. La charrue Bousquet, de Toulouse, est très-bien agencée pour la confection des bons labours. Disons en passant que cet outil a été peut-être le premier type de nos charrues en fer.

c. La charrue Bouscasse, de Puiboreau (Charente-Inférieure), modifiée dans l'attache du coutre et l'agencement du régulateur, mais munie du soc Rouquet, est à son tour un instrument très-apte à accomplir nos labours ordinaires.

Une charrue que l'on ne connaît pas assez, mais qui donne les résultats les plus satisfaisants, est la charrue Dombasle sans roues. Cet instrument, bien ajusté, a l'avantage d'ouvrir une tranchée de 28 à 30 centimètres de profondeur, et si nette qu'on la croirait creusée avec un instrument tranchant dirigé par la main de l'homme, et cela avec la force d'une seule paire de bœufs.

N'oublions pas de citer, mais pour mémoire seulement, parce que l'expérience n'a pas encore suffisamment sanctionné son utilité, la charrue Cougoreux. Cet instrument diffère de nos charrues du pays par son versoir qui, au lieu d'être fixe, est un disque tournant ; la disposition de cette pièce aurait la faculté, dit M. Grandvoimet, de vider constamment la raie à une assez grande profondeur, avec une force moyenne de tirage.

Chacun de ces outils est employé aux labours ordinaires, mais en agriculture on doit travailler autrement la terre ; pour cela nous ferons usage d'instruments spéciaux.

§ III. *Instruments propres à défoncer, herser, ameublir le sol.*

A. *Défonceuses.* — *a.* Pour fouiller, remuer le sol à une grande profondeur, nous prendrons notre charrue en fer, bien construite, d'une force presque double à celle dont nous nous servons pour les labours ordinaires, à laquelle nous attèlerons deux paires de bœufs.

b. La charrue Howard opère très-bien tous les défoncements du sol, à l'aide de deux paires de bœufs. Cet instrument, muni d'un versoir très-long, trace un sillon propre, régulier et profond, avec un tirage moyen.

c. Nous pourrons aussi faire usage, soit de la charrue défonceuse de Grignon, soit de la charrue dite Révolution, ou bien encore de la grande charrue Dombasle, celle-ci, comme la première, dépourvue d'avant-train.

d. Un autre outil non moins ingénieux est appliqué à cet usage, c'est la défonceuse Guibal. Cet instrument, qui se compose d'une grande roue en fonte armée de plusieurs couples de dents de 30 centimètres de longueur, légèrement courbées sur elles-mêmes, fouille la terre, la soulève, la brise et fait l'office de la bêche à trois dents (bencat) ; seulement, pour le faire fonctionner, on doit employer la force de quatre à cinq paires de bœufs.

e. Hâtons-nous encore de signaler une défonceuse qui semble résoudre ce problème : diminution de la force dans le tirage et perfection dans les labours,

« c'est la charrue Cruzel, de Montauban. Cet outil,
« calqué partie sur la charrue Howard, partie sur la
« charrue Cougoreux en ce qui concerne le disque
« tournant, et partie enfin sur notre charrue ordinaire,
« est appelé à rendre de grands services.

f. On n'a pas toujours deux ou trois paires de bœufs
à sa disposition pour opérer un défoncement; dans ce
cas on a deux moyens d'opérer. Le premier consiste
à donner deux coups de charrue à la suite l'un de
l'autre dans le même sillon ; et pour le second, il
suffit d'ouvrir un sillon avec la charrue ordinaire et
de l'approfondir ensuite au moyen de la houe ou du
pelleverse, après le passage des bœufs, en rejetant la
erre ou sous-sol sur la crête de l'ados formé par la
charrue.

B. S'il est utile, dans certaines circonstances, de
défoncer le sol pour le rendre plus perméable, il peut
se faire aussi que dans d'autres on soit retenu par la
crainte de ramener à la surface un sous-sol si ingrat,
si mauvais qu'il frapperait la terre de stérilité. Dans
ce cas, nous mettrons en usage un autre genre de
défonceuses, désignées sous le nom de *charrues sous-
sol, grappin, fouilleuse.*

a. Charrue sous-sol. Ainsi que son nom l'indique,
cet instrument remue le sol sans le déplacer. Construite en fer forgé, cette charrue, qui pèse de 20 à 25
kilos, est composée d'une flèche ou age ordinaire,
pourvu à sa partie inférieure d'une mortaise destinée
à recevoir l'extrémité du sep. Sur cet instrument,
une vis de pression règle l'entrure, et en arrière, à

la partie moyenne du sep, se trouve une autre mortaise pour recevoir le mancheron. La charrue sous-sol n'est autre qu'un araire muni d'un avant-soc, attaché à l'étançon sur lequel on adapte un fer à lance formant un triangle équilatéral, celui-ci retenu par une clavette, afin d'être démonté facilement pour l'aiguiser.

b. Le *grappin*, construit à peu près sur le modèle de la charrue sous-sol, ne porte pas de vis de pression sur la flèche. A sa place est adaptée une tige mobile terminée par une roue en fonte, dont le but est de servir d'abord de point d'appui à l'instrument, et de modérer ensuite son action s'il avait trop de propension à piquer fortement la terre.

c. La *fouilleuse*, appelée aussi *charrue sous-sol*, se compose d'un soc en forme de lance et d'un sep cylindrique solidement attaché à l'age par deux étançons en fer, dont l'un, celui de devant, remplit les fonctions de coutre. Fonctionnant dans une raie tracée préalablement par une charrue qui a creusé un sillon de 28 centimètres, la *fouilleuse*, à son tour, peut soulever une bande de terre de 30 centimètres, et disposer le champ de manière que la terre vierge remuée est recouverte par la bande de terre suivante, que soulève la charrue marchant en avant.

Susceptibles d'être mis en mouvement par une force moyenne, ces instruments, en raison du mode particulier d'ameublissement qu'ils donnent au sol, méritent une bonne place dans notre outillage agricole. Ainsi, par exemple, dans les terres boulbènes à sous-sol imperméable, la charrue sous-sol est bien disposée pour établir une sorte de drainage.

c. S'il est nécessaire d'ameublir le sol superficiellement, ou bien, au contraire, de le tasser, nous emploierons, pour le premier cas, la herse ou le rouleau, mieux connu sous le nom de *brise-mottes;* pour le second, le rouleau simple ou uni.

Selon la disposition des labours, et selon le degré d'ameublissement que nous voudrons donner au champ, nous ferons usage de *herses à formes carrées, triangulaires, demi-rondes, longues, parallélogrammiques, plates, à ramilles* et *courbes-doubles.*

a. Dans les labours plats, nous passerons la herse en fer de *Valcour.* Cet instrument, par sa forme en losange et son armure de vingt-quatre dents, est très-estimé.

Pour rendre plus efficace l'action de cet outil, et lui donner le moyen de labourer plus ou moins profondément le sol, on le charge d'un sac dans lequel on met une certaine quantité de terre. La herse Valcour, comme nous le verrons plus tard, fait l'office d'un peigne dans une luzerne, en débarrassant cette plante de toutes les mauvaises herbes qui gênent et compromettent son existence.

b. Dans ces mêmes labours plats, la herse longue, c'est-à-dire un madrier en bois long de 2 mètres environ, tantôt nu, tantôt armé de pieux en bois ou en fer, est utilement employée.

On peut faire usage de cette même herse longue dans les labours à billons, en la traînant selon leur longueur.

c. Mais le meilleur mode d'ameublir le sol disposé en billons consiste à passer une herse en fer armée d'une double rangée de dents, et courbée de telle sorte qu'elle embrasse soit un billon entier, soit deux moitiés de billon. Ces instruments doivent être assez lourds pour émietter la terre, mais aussi assez légers pour être traînés facilement, les uns par une paire de bœufs, les autres par un bœuf seul, certains par un cheval.

d. Si maintenant il s'agit d'ameublir le sol plus profondément, ou bien si sa résistance s'oppose à la confection des labours ou autres travaux, nous avons à notre service un autre genre de herses à formes cylindriques : tels sont les *rouleaux simples ou doubles,* le *rouleau squelette Dombasle* et le *rouleau Croskill.*

Le rouleau en bois se compose tantôt d'un gros morceau de bois rond, long de 2 mètres environ, monté sur un châssis aussi en bois, sur lequel il roule ; tantôt de deux rouleaux, longs d'un mètre chacun, montés sur un châssis articulé ayant la forme presque d'un V renversé. Ces instruments sont ou cannelés ou armés de pointes en bois ou en fer. Ces herses ont l'inconvénient de s'engorger trop facilement.

f. Le rouleau squelette de Dombasle, composé de tronçons de fer allongés indépendants les uns des autres, ne saurait être usité dans nos contrées.

g. Il n'en est pas de même du rouleau Croskill ; son utilité est incontestable. Composé d'un nombre variable de disques en fonte, garnis de dents obtuses ou poin-

tues, se mouvant sur un axe unique, cet outil ameublit très-bien les sols, même pendant la sécheresse. Il
est à regretter que cet instrument ne puisse fonctionner que sur les sols plats ou en planches.

L'utilité des hersages est bien démontrée. Ces opérations, faites dans le but d'ameublir le sol seulement,
peuvent, au besoin, remplacer une façon donnée par
la charrue, surtout lorsqu'on y procède après le premier labour.

Nous connaissons tous l'usage de la herse pour
couvrir le blé.

La herse, en un mot, employée principalement
après une légère pluie, mise en mouvement tantôt
dans un sens, tantôt dans un autre, ameublit, égalise
le sol, détruit les mauvaises herbes, hâte le travail.
Cet instrument, enfin, fend la terre, la soulève, la
brise, la mêle, la dispose aussi à la semence, et ga-
rantit en même temps cette dernière contre l'intempérie des saisons.

On passe encore la herse sur une terre, soit pour
faire lever les mauvaises plantes après une légère
pluie, soit encore pour la défendre contre la sécheresse.

A côté de ces avantages, il est bon de rappeler que
le hersage est nuisible dans un champ détrempé par
la pluie et dans une terre envahie par le chiendent.

D. *Le rouleau.* — Les terres sont quelquefois trop
friables; trop sèches, elles ont besoin d'être tassées.
Pour atteindre ce but, on emploie un instrument en
tout semblable à celui que nous avons décrit sous le
nom de *rouleau brise-mottes* en bois, avec cette diffé-

rence, que celui-ci a la surface unie, au lieu d'être
cannelé ou muni de dents.

Après les semailles dans les sols légers, le passage
de l'un ou l'autre rouleau, selon que le champ est disposé en planches ou à billons, retarde l'asséchement,
hâte la germination de la semence, préserve en même
temps la plante de la gelée et du déchaussement,
quand arrive le printemps. Sur les plantes germées,
le résultat du rouleau n'est pas moins avantageux
que le hersage (1).

Dans les prés soulevés par les vers, les gelées,
ainsi que sur les semis des plantes fourragères, on se
trouvera bien de l'usage du rouleau.

E. Souvent nous avons à défendre certaines cultures, soit contre l'inclémence du temps, soit contre
l'invasion des plantes fourragères. Dans bon nombre
de circonstances aussi, quelques récoltes demandent
des façons spéciales du sol, des travaux divers, dont
l'exécution serait impossible ou imparfaite si, pour
les accomplir, on n'avait à sa disposition que la charrue ou la sarclette; dans ces cas alors, on fait usage
d'instruments connus sous le nom d'*extirpateur*, de
scarificateur, de *houe à cheval*, de *buttoir*.

a. L'*extirpateur* diffère peu de la herse pour ses
fonctions. Composé d'un châssis triangulaire en fonte,
pourvu d'un manche et d'un age, cet outil est supporté
par trois roues, et est muni en-dessous de cinq ou

______

(1) Schatenmann a obtenu un grand succès du passage du rouleau, du
poids de 3,100 kilogrammes, sur un sol sablonneux semé en blé.

neuf tiges en fer terminées par des socs horizontaux.

Malheureusement peu connu dans nos contrées, cet instrument mériterait d'occuper une des premières places dans nos pratiques culturales. Disposé de manière à pouvoir pénétrer à 6 ou 10 centimètres dans le sol déjà labouré, l'extirpateur, employé principalement après la pluie, lorsque la terre est ressuyée, coupe horizontalement et uniformément tous les pieds d'herbe, les mutile, dispose les mauvaises graines à germer, facilite le passage de l'air dans la couche arable, et, comme il produit beaucoup plus de travail que la charrue, dans le même temps on peut ainsi remuer le sol deux ou trois fois de plus et obtenir le même résultat.

Il est à regretter que l'extirpateur fonctionne mal pendant la sécheresse, et dans les sols qui contiennent beaucoup trop de pierres et de cailloux.

b. Le *scarificateur* a beaucoup d'analogie avec l'extirpateur, seulement les tiges en fer placées en dessous du chassis se terminent par des pointes droites au lieu de socs, ce qui lui donne la faculté de pénétrer à 16 ou 18 centimètres. A part l'usage que l'on peut en faire lorsque le sol a été détrempé par la pluie, la tenacité de notre terrain et l'intensité de nos chaleurs estivales rendent impossible l'usage de cet instrument.

c. La *houe à cheval*, appelée ainsi parce qu'elle est susceptible d'être traînée par une seule bête, est un châssis dont la face, tournée vers la terre, est hérissée d'une ou plusieurs rangées de socs ou de coutres, les socs se terminant en pointes ou en lames larges et tranchantes, selon que l'on se propose d'arracher l'herbe ou seulement de labourer la terre. Le châssis, en outre, est pourvu d'un mécanisme très-simple, destiné à élargir ou resserrer l'instrument.

Sur une pièce médiane fixe, et qui porte deux mancherons, s'adaptent deux pièces latérales mobiles et qu'on fixe au moyen d'une crémaillère régulatrice, afin de mettre entre les socs ou les coutres l'espace qui convient aux plantes à sarcler.

Nous n'avons certes pas la prétention de conseiller l'emploi exclusif de la houe à cheval, rien ne remplace la main de l'homme ; mais en été, alors surtout que les journaliers sont rares, nous emploierons cet instrument avec le plus grand avantage, pendant la sécheresse, pour sarcler nos racines fourragères, débarrasser nos jeunes plantations de toutes les herbes parasites.

Avec la houe on ameublit, on purge le sol des plantes nuisibles, mais c'est surtout pour le binage des plantes sarclées que son usage est indiqué.

Ce n'est que lorsqu'on saura profiter de l'économie de temps produite par la houe à cheval, qu'il sera possible de cultiver de grandes quantités de racines.

Relevons ici une erreur trop accréditée. Souvent on croit devoir retarder indéfiniment le binage ou le sarclage d'une plante dans l'attente d'une pluie. Cette manière d'opérer est vicieuse. Elle pourrait avoir quelque fondement dans les sols légers, sabloneux, mais dans toutes nos terres, soit boulbènes, soit fortes, les sarclages sont constamment avantageux.

« Un binage vaut presque un arrosage, en favorisant l'ascension de la fraîcheur des couches inférieures du sol, la filtration des rosées et les influences atmosphériques. Le binage donne au sol ce que le travail donne à la jachère ; la plante sarclée est une récolte jacherée, dit Thaër. »

d. Le *buttoir*, comme la houe, est traîné par un seul animal. C'est une petite charrue à deux versoirs mobiles, susceptibles d'être éloignés ou rapprochés l'un de l'autre par un régulateur. Cet outil sert à ramener la terre au pied des plantes en ligne, à creuser au besoin une raie d'écoulement, comme aussi à creuser une petite tranchée au pied des ceps de vigne pour recevoir une fumure.

Le buttoir est aussi très-utile pour détruire cette croûte trop compacte qui se forme autour de la plante quand, après une pluie, l'insolation est trop vive.

CHAPITRE VII

Culture du blé, de l'avoine, du seigle, du méteil, de l'orge, du maïs, du millet à balais ; manière de faire leur récolte. — Cultures fourragères, légumineuses ; racines ; avantages, inconvénients de ces cultures ; récolte de ces plantes.

§ Ier. *Céréales*. A. *Culture du blé*. — En parlant du mode d'assolement des récoltes, nous avons vu que leur retour trop précipité sur le même terrain nuit considérablement au produit, et nous savons l'utilité qu'il y a d'intercaller, d'alterner la culture de la même plante, si on ne veut courir la chance d'éprouver des mécomptes très-sensibles.

Nous avons reconnu aussi la nécessité de pratiquer dans certains cas l'assolement biennal, et nous savons que le blé, le seigle, l'avoine, l'orge, reviennent tous les deux ans sur le même sol, sans que le produit semble diminuer. On pourrait dès lors se demander s'il ne serait pas inopportun de prescrire une pratique que le temps et le résultat semblent sanctionner.

Cette objection mérite une explication.

« L'expérience, d'accord avec la théorie, démontre : que plus une plante laisse de détritus sur le sol où elle a vécu, plus on doit éloigner son retour, ou celui d'autres plantes de la même famille. Ainsi, on cite que les vesces, les fèves étant cultivées trois fois en six ans dans les meilleures terres, la seconde récolte sera moins abondante que la première, la troisième inférieure à la seconde, et ainsi de suite en diminuant, de telle sorte que les résultats seraient enfin, sinon nuls, du moins très-médiocres, tandis que le blé, le seigle, l'avoine, plantes très-épuisantes avec leurs feuilles grèles et élancées, empruntent tout au sol pour leur nourriture, ne laissent rien, n'abandonnent rien, et viennent passablement dans un terrain labouré à propos, ameubli convenablement et engraissé parfaitement. »

Mais de ces faits peut-on raisonnablement tirer cette conséquence que le mode d'assolement de ces plantes, constamment suivi par nous, soit parfait ? Est-ce à dire qu'en agissant ainsi nous obtenions des céréales toute la somme de rendement voulue ? Nous ne le pensons pas. D'abord parce que les déjections déposées par un végétal l'empêchent de revenir avec succès sur le même champ, tant que la trace de ces sécrétions existe, et puis à cause de ce principe :
« La plante s'approprie et absorbe en grande partie
« les matériaux utiles à sa nutrition, et meurt si ces
« principes lui font défaut.

« Citons le blé. Cette plante, au moment de sa
« maturité, prend une notable quantité de silice ; si
« cette substance manque, le végétal, vigoureux
« jusqu'au moment de l'épiage, verse, la tige casse
« et la plante meurt. »

Toutes les céréales doivent subir la règle commune de l'alternance, et exiger certaines conditions de culture non moins importantes qu'utiles.

a. On restreindra la surface consacrée au blé autant qu'on le pourra.

b. On intercallera le blé avec une prairie artificielle, ou tout au moins avec des plantes sarclées, en ayant soin de prodiguer avec largesse le fumier à ces dernières ou à toute autre culture qui doit précéder le blé.

c. Dans l'intervalle qui séparera la rentrée de la récolte préparatoire de la semaille du blé, on donnera de nombreuses façons, des labours fréquents au sol.

Nonobstant ces soins exigés pour la culture des céréales, le choix des semences et le mode d'ensemencement méritent, à leur tour, de fixer toute notre attention.

d. La semence du blé sera rigoureusement purgée de toute graine étrangère ou parasite (1). On prendra dans le grain de l'année celui qui sera lourd, gros, bien nourri, afin qu'il puisse suffire à la subsistance de la radicule jusqu'à ce que celle-ci, assez forte, puisse se nourrir dans le sol.

e. Dans tous les sols, on doit enterrer la semence de telle sorte qu'elle soit à l'abri de la lumière, celle-ci étant un obstacle à la végétation ; mais on doit aussi s'arranger de manière que la plante reçoive l'influence

---

(1) Le trieur Marot est l'instrument le plus parfait pour cet usage.

simultanée de l'air et de la chaleur, et qu'elle puisse traverser sans peine la légère couche de terre qui la recouvre. Dans les sols légers friables, dans les terres argileuses, on peut enfouir la semence plus profondément que dans les terres-forts.

f. Il est indispensable de répartir également la semence dans le sol : c'est la condition d'une bonne végétation.

Si la semence est trop épaisse, les racines, avec leur direction horizontale, se croisent entre elles, s'affament, s'enchevêtrent les unes dans les autres ; le tallement alors est impossible ; les tiges sont grêles, petites, manquent de raideur, sont disposées à la verse, et donnent un rendement à peu près nul.

On sèmera donc toujours clair, en se rappelant qu'il n'y a pas de plus mauvaise herbe pour le blé que le blé lui-même.

On est aujourd'hui d'accord sur ce point, que 115 à 120 litres de blé au plus suffisent pour ensemencer un hectare, et encore faut-il tenir compte de l'ameublissement du sol, de son mode de fumure ou d'amendement, de l'état de l'atmosphère sec ou humide au moment des semailles, de la beauté du grain et de la propreté de la semence.

g. Selon la nature du sol et la forme des labours, nous conseillons l'usage du semoir (1). Cet instrument

---

(1) Entre autres outils de ce genre, signalons le semoir Hugues (de Bordeaux). Outre la régularité de ses fonctions, cet instrument sert indifféremment à l'ensemencement de toutes espèces de graines, depuis les plus menues jusqu'aux plus grosses.

assure une distribution uniforme du plant sur le sol, o
facilite le sarclage, procure une économie de semence,)!
place le grain sur un fond solide et dans un milieu 9
convenable pour le premier âge de la plante.

Si, à cause de la forme des labours, nous ne pou- ll
vons disposer d'un semoir, nous conseillons de donner cu
quatre coups de charrue, et de semer sous raie. Ce)!
mode est préférable à l'action de semer à la volée : :
d'abord il y a économie de semence, et puis le semeur ll
à jet peut être contrarié par diverses circonstances, a
le vent principalement; de là une très-grande irré- -
gularité dans la position des plants.

h. On appropriera la variété du blé à la composition a
du sol (1).

Dans les terrains riches, dans les terres-forts, on a
sèmera le blé Tangarok, du Roussillon, les blés rouges a
à barbe; dans les sols légers, dans les boulbènes, a
toutes les bladettes, les blés fins.

i. On agira par sélection pendant quatre ou cinq ans a
au plus, en choisissant dans sa propre récolte la
semence; après ce temps, elle sera renouvelée entièrement.

Faisons observer, en passant, que les blés barbus
sont ceux dont la paille est plus résistante, plus riche
en substance médullaire.

---

(1) Les principales variétés de blé préférées autant par le rendement
que par le commerce sont : le blé Tangarok à grains blancs, la bladette
blanche et rouge, la bladette de Nérac, le blé fin, le blé de Roussillon à
grains roux, le blé rouge à barbe, à grains ronds et longs. Le blé gros dit
grossague, le blé hâtif se cultivent peu.

j. Un redoutable fléau, la carie, vulgairement appelée le *charbon,* menace chaque année la récolte du
blé; nous devons prévenir cette maladie en agissant
sur la semence.

Les lavages dans un lait de chaux, dans une dissolution de sel marin, dans le purin du fumier, l'urine
pourrie, ont été tour à tour mis en usage. Le seul
agent efficace capable de conjurer le mal, c'est le sulfate de cuivre (1).

On a deux moyens pour procéder au sulfatage du
blé : l'un consiste à faire dissoudre 3 kilogrammes de
cette matière dans 2 hectolitres d'eau, et à immerger
chaque jour, pendant une heure, la quantité de
semence à employer, en prenant la précaution de
remuer souvent, et d'enlever avec une passoire tous
les grains qui surnagent, cette dissolution pouvant
servir au sulfatage de 12 hectolitres de blé; l'autre,
que nous préférons, se pratique ainsi : on fait dissoudre 120 grammes de sulfate de cuivre dans 5 litres
d'eau, mélange suffisant pour asperger un hectolitre
de blé; seulement, il faut brasser le tout vigoureusement et procéder à cette opération la veille de l'ensemencement; seulement, dans ce dernier mode de
sulfatage, la semence doit être bien purgée de toute
graine étrangère.

k. Une maladie autrement importante, et contre
laquelle nous ne pouvons malheureusement rien,
attaque la récolte du blé.

Fin avril ou au commencement de mai, à la suite

(1) C'est à Bénédict Prévost, *notre compatriote,* que nous devons ce procédé : le *sulfatage du blé* (1807).

de pluies continues, des plaques noires apparaissent
sur quelques pieds de blé, un peu au-dessus du collet
de la plante, et au-dessous du premier nœud ; à ce
signe, qui est le symptôme précurseur et certain de
la mort de l'épi, et à la quantité de tiges attaquées, il
est facile de calculer le rendement futur de cette culture. Cette maladie, appelée *piétin* par Gossin, a été
presque générale, en France, en 1853.

l. Quant à préciser le moment opportun des semailles, nous ne pouvons le faire d'une manière
absolue.

Nous nous bornons à dire que plus la terre est riche,
plus elle est chaude, moins il est nécessaire de la
semer de bonne heure, et réciproquement.

Observons que la germination ne s'accomplit favorablement que sous une température de 6 ou 7 degrés
de chaleur au moins.

Rappelons aussi que l'on fera bien d'employer la
herse plate ou bombée, selon la forme des labours,
pour recouvrir la semence.

La culture du blé exige encore une nouvelle série
d'opérations.

m. Le sarclage ; cette opération a un double but :
elle ameublit légèrement le sol, et puis le débarrasse
des mauvaises herbes. Ce travail est des plus nécessaires ; il sera bien moindre lorsque les labours seront
profonds, que les cultures seront alternées, que le blé
succèdera à une récolte sarclée, et que la moisson se
fera avec la moissonneuse ou la grande faulx.

n. On procèdera prématurément à la moisson,

excepté pour le grain destiné à la semence, aussitôt que la pâte contenue dans le grain est mi-molle, qu'elle offre une légère résistance, que la paille commence à jaunir sous l'épi, que les premiers nœuds sont blancs, transparents; bien que les feuilles soient vertes, on doit scier le blé. Coupé ainsi avant la maturité, le grain est lourd, son écorce est mince, et il donne plus de farine. Cette manière d'opérer n'a qu'un inconvénient, si on peut le désigner ainsi : celui de faire sécher la javelle avec plus de soin, avant de la mettre en gerbe.

o. Le mode de scier le blé mérite d'être, à son tour, pris en sérieuse considération.

Nous ferons usage de la moissonneuse. Ces instruments paraissent résoudre aujourd'hui ce problème : célérité et perfection dans le travail (1). En effet, au moyen d'un mécanisme ingénieux, les moissonneuses fonctionnent bien dans tous les terrains, accidentés ou non; dans tous les champs, disposés en planches ou à billons. Elles font bien la javelle, et on peut à volonté régler la hauteur du coupage des tiges. Avec une paire de bœufs on moissonne 25 ares par heure.

Si les ressources ou la médiocre importance de l'exploitation agricole doivent encore ajourner l'usage de la moissonneuse, sans hésiter on remplacera l'usage de la faucille, instrument digne d'une autre époque, par la grande faulx.

(1) Les moissonneuses sont livrées à un prix tellement minime (450 fr., dit-on), que l'on ne doit plus hésiter à se constituer en syndicat de trois ou quatre voisins pour l'achat de cet instrument.

Comme la moissonneuse, la grande faulx accélèr
la besogne, scie le chaume en même temps, et, par
dessus tout, a l'avantage de débarrasser la terre d
la prodigieuse quantité de mauvaises herbes qui infes
tent ces récoltes.

p. Pour le battage, la machine à vapeur doit occupe
le premier rang. Avec cet instrument, la paille es
bien dépouillée, et l'on estime à un dixième l'excé
dant en grain que donne ce mode de dépiquer le blé

Le fléau, le rouleau en pierre seront exclus. On
fera usage du rouleau-Lisse; cet outil, bien conn
déjà, simple, léger, et à la portée de toutes les bourses
donne un bon et prompt travail.

q. Reste maintenant à veiller à la conservation du
blé.

Immédiatement après qu'il est déposé en grenier,
le blé fermente, et quelquefois pendant toute l'année.
Cette chaleur fait éclore les larves des charançons,
de l'alucite, et donne naissance à une foule d'animaux
microscopiques qui altèrent la qualité et la quantité
de cette récolte.

Afin de prévenir ces inconvénients d'une manière
assez sensible, car la fermentation se produit toujours,
on évitera d'abord l'humidité de la gerbe en meule, et
du blé sur l'aire. Le blé sera, en outre, parfaitement
épuré à l'aide du ventilateur, et placé ensuite, dans un
grenier planchéié, en tas peu épais, auxquels on don
nera de nombreux pelletages.

Si on ne reculait pas devant la dépense, un réser
voir de forme ovoïde (silos), construit en maçonneri

au-dessus ou au-dessous du niveau du sol, et susceptible d'être fermé hermétiquement, serait aussi un lieu
bien-approprié à la conservation du blé (1).

B. *Culture de l'avoine.* — L'avoine commune,
blanche ou noire, est celle qui s'accommode le mieux
à notre sol, de notre climat.

Plante très-épuisante, sa récolte ne reviendra sur
le même terrain que tous les six ans. La marne, la
chaux, sont favorables à cette graminée ; c'est la seule
plante, du reste, qui, comme le maïs, semble sensible
à l'action du plâtre.

Les grands froids lui sont très-nuisibles. On sème
au commencement d'octobre, à raison de 150 litres à
l'hectare.

Ce que nous avons dit du blé pour le choix du terrain, de son ameublissement, de sa propreté, de la
semence, de sa conservation en gerbière, en grenier,
se rapporte à l'avoine ; c'est dire que cette plante
exige les mêmes soins de culture, et que l'on a tort de
ne donner qu'un labour, un déchaumage quelquefois,
pour semer l'avoine.

On doit attendre la maturité du grain pour procéder
à la moisson : d'abord, afin de faciliter le battage, et,
ensuite, afin que la matière excitante particulière à
ce grain, espèce d'huile essentielle placée entre l'écorce

---

(1) Dans ces derniers temps, on a proposé d'intercaler dans les tas de blé
en grenier des tuyaux en terre cuite, placés bout à bout et reliés entre eux,
sur un châssis en bois, par des fils de fer. Ce mode de conservation, espèce
de drainage, a bien sa valeur.

et le grain, se développe plus abondamment. Une légère pluie ne nuit pas à l'avoine en javelle.

Nous ne pouvons nous dispenser de recommander en passant, la culture de l'avoine de Hongrie, qui malgré la légèreté de son grain, est éminemment productive ; seulement elle redoute les froids. On la sèmera, dès lors, fin février, après les fortes gelées.

C. *Culture du seigle*. — Cette plante ne possède qu'une espèce très-rustique.

Le seigle s'accommode de tous les sols, et a tout de commun avec le blé pour sa culture, sa moisson, sa conservation. On prendra la précaution de semer le grain de l'année à la dose de 2 hectolitres à l'hectare.

Le seigle donné comme fourrage vert aux animaux, après la formation de l'épi, est une nourriture bien médiocre, parce que la tige, dépourvue de substance médullaire, ne contient que 5 ou 6 pour cent de matières alimenteuses.

D. *Culture du méteil*. — Quelques agriculteurs sèment encore un mélange de blé et de seigle, prétextant que le seigle affranchit du brouillard la récolte du blé.

Cette pratique surannée n'a nullement sa raison d'être, parce que le blé est une graminée comme le seigle, et ne peut, par conséquent, être préservée d'accident par une plante, sa congénère, ayant les mêmes conditions de végétation.

Nous ne parlons donc de cette culture que pour mémoire, et nous conseillons de faire du méteil dans le grenier seulement.

E. *Culture de l'orge.* — Cette plante est peu cultivée dans le Département.

L'orge demande une terre franche, meuble, fraîche, silico-argileuse; dans les sols pauvres ou humides, cette récolte ne réussit pas. L'orge exige encore l'alternance, et préfère les engrais azotés (le guano du Pérou, par exemple) aux engrais minéraux (1). Cette plante redoute les froids trop rigoureux, est sujette au charbon, et le sulfatage est sans effet.

Les soins de culture se rapprochent exactement de ceux que l'on donne aux céréales en général. Toutefois, pour la moisson, nous attendrons sa maturité complète. C'est à ce moment seulement que le grain prend la couleur jaune, et que la matière farineuse se forme; de plus, un principe amer qui existe dans l'écorce disparaît, et le battage se fait dans de meilleures conditions. On évitera l'humidité en javelle, parce que le grain germe facilement.

Comme fourrage vert, cette plante est très-précieuse par sa précocité et ses qualités alibiles. Le grain contient tous les principes nutritifs des céréales.

F. *Culture du maïs.* — Il existe un nombre considérable de variétés de maïs : les unes se distinguent par leur précocité; les autres, par la forme, le volume, la couleur du grain; d'autres enfin, par l'ampleur des feuilles et la hauteur des tiges.

Nous cultiverons indifféremment le maïs à grains

____

(1) Low et Gilbert.

jaunes et gros, le maïs à grains blancs et le quarantain.

Nous réserverons les terrains un peu légers pour
le jaune, et les sols plus substantiels pour le blanc;
celui-ci est, au reste, préférable au jaune par sa qualité.

Cette plante affame le sol, exige des engrais éner-
giques, des labours profonds, des terres bien ameu-
blies, pas trop fraîches, et une période de six ans,
quatre ans au moins, avant son retour sur le même
sol.

Une récolte fourragère séparera constamment la
récolte du maïs de celle du blé.

Une température trop humide ou trop froide com-
promet, même pendant toute sa vie, l'existence de
cette plante lorsqu'elle a acquis 4 ou 5 centimètres de
hauteur; aussi, on ne doit pas se presser de le semer
dans les terres-forts, encore moins dans les terrains
froids ou bonnes boulbènes.

En avril, on sème le maïs en raies, en mettant les
grains passablement espacés, et sur le milieu de l'ados
du billon, si le champ est billonné.

Cette plante aime les labours fréquents. Dans la
première quinzaine de mai, on donne une façon à la
charrue, on déchausse; en même temps, on sarcle et
on met les plants à 50 ou 60 centimètres de distance.
Au commencement de juin, lorsque la plante a acquis
une taille de 15 à 20 centimètres, on donne une façon
à la houe, plus tard on butte à la charrue.

On évitera toujours d'intercaler des semences de

haricots, de citrouilles, avec le maïs. Ces plantes sur-
numéraires ont le grand inconvénient de puiser dans
le sol une partie des matières utiles à l'existence du
maïs, et puis encore de rendre presque impossibles
les binages, les buttages, façons si utiles à la culture
du maïs.

L'étêtage de la tige *(martinet)* n'aura lieu que lorsque
le chevelu de l'épi sera flétri. On prendra la précaution de laisser faner cette portion de tige pendant
vingt-quatre heures, afin que, donnée aux bestiaux,
elle ne nuise pas à leur santé.

Les feuilles du maïs que l'on enlève pour fourrage
sont très-nuisibles à la maturité du grain : mieux
vaudrait les laisser se perdre sur la tige.

Le maïs étant susceptible de s'échauffer facilement,
on fera bien de le dépouiller le plus tôt possible de sa
tunique et de l'exposer ensuite dans un lieu très-sec,
très-aéré

Cette plante, cultivée pour fourrage, semée dru
par conséquent, est un aliment très-appétissant pour
les animaux. Le maïs vert contient 74 pour cent de
principes nutritifs ; fané, il a moins de volume,
mais il est plus substantiel (1).

G. *Culture du maïs à balais* (sorgho commun ; millet
de l'Inde, parce qu'il est originaire de ce pays). —
Cette culture prend aujourd'hui un si grand dévelop-

(1) Nos lecteurs liront avec fruit l'ouvrage spécial de M. Lecouteux,
sur la culture et l'ensilage du maïs fourrage, et autres fourrages verts.
(Paris, 1875.)

pement dans le Tarn-et-Garonne, à Grisolles, Verdun surtout, qu'elle doit fixer toute notre attention.

Tous les terrains conviennent à ce millet, à cette condition que le sol sera frais, très-fertile et bien ameubli.

Le fumier de ferme bien décomposé, le guano du Pérou, tous les engrais d'une décomposition facile, susceptibles d'être facilement assimilés, sont ceux qui lui sont le plus favorables.

Ce sorgho craint les gelées printanières. On le sèmera dans les premiers jours de mai, en lignes espacées de 60 à 70 centimètres, la graine enterrée à 4 ou 5 centimètres, que l'on recouvre avec le rateau, et que l'on tasse légèrement avec le pied, ou mieux un léger rouleau.

On éclaircit à 20 ou 30 centimètres de distance lorsque le plant a 8 ou 10 centimètres de taille, et on supprime tous les cayeux.

Pendant le cours de son existence, on donne trois ou quatre façons, dont deux à la main, pour le butter ou chausser.

Fin août, on courbe les tiges, afin que les panicules prennent une direction parallèle à la tige.

Ses tiges, dures et grossières, seraient un mauvais fourrage pour les animaux.

On rapporte que cette plante, durant les premières phases de sa végétation, renferme un principe âcre ou narcotique capable d'empoisonner les animaux qui en font usage (1), mais que ce poison disparaît après

(1) Nous-même avons constaté ce fait sur des vaches auxquelles on avait donné à manger des feuilles de millet à balais.

la floraison. Les regains poussés sur les souches après la coupe des tiges ont aussi ces propriétés malfaisantes.

Bien que la graine du sorgho commun, réduite en farine, soit donnée à manger aux volailles et aux porcs, on ne doit pas se dissimuler que cette nourriture est peu alimenteuse, dépourvue de matières azotées. C'est un leurre tout au plus qui trompe la faim de ces malheureux animaux.

§ II. *Cultures fourragères.* — L'agriculteur ne doit pas borner ses moyens d'action à la culture des céréales, il doit songer aussi aux plantes fourragères.

Cette culture lui donne les moyens d'entretenir mieux et en plus grand nombre les précieux auxiliaires de ses travaux, les bestiaux, et lui procure en outre l'avantage de disposer favorablement le sol à un autre genre de plantes.

Nous possédons un grand nombre de plantes fourragères. Nous pouvons choisir celles qui, par leurs qualités, donnent la nourriture la plus abondante, la plus sapide, et celles qui s'intercallent le plus facilement dans d'autres cultures. Dans ce choix nous trouvons beaucoup de racines, et un grand nombre de légumineuses.

Riches en principes nutritifs, supérieures aux graminées, les légumineuses, pourvues de tiges succulentes, de feuilles épaisses mais tendres, n'ont qu'un inconvénient, celui d'être difficiles à faner.

D'un autre côté, leurs graines sont très-alimenteuses et engraissent très-bien le bétail. Jouissant presque toujours, ainsi que nous l'avons dit, de la faculté d'approprier le sol à une autre culture, elles l'épuisent peu, et produisent plus de matières fertilisantes qu'elles n'en absorbent. Dans beaucoup de circonstances aussi, elles amendent la terre à l'égal du fumier, par la puissance qu'elles ont de prendre dans l'air une grande partie de leur nourriture, de fermenter vite dans le sol et de se pourrir facilement.

A. *Culture de la grande luzerne.* — La luzerne, désignée mal à propos dans notre Département sous le nom de sainfoin, est, de toutes les légumineuses, celle qui offre la plus grande ressource fourragère.

Assez exigeante pour sa culture, la luzerne sera médiocre dans tous les sols, si on ne prend la précaution de défoncer profondément le terrain, de l'égoutter avec soin, de le débarrasser surtout des eaux souterraines.

Cette plante s'accommode mal de la sécheresse, de l'humidité, des fonds froids surtout. Elle se trouve bien dans un sol formé de 40 à 60 pour cent de sable avec un mélange de chaux et d'argile. Dans un sol sabloneux la luzerne croît vite, mais dépérit de même. On essayerait en vain de la cultiver sur un sol dont la couche végétale, mince d'abord, reposerait sur un sous-sol compacte ou formé de calcaire pur.

Le terrain sur lequel on se propose de semer la luzerne, ne sera jamais trop riche ni trop ameubli. Cependant il y a toujours un inconvénient à placer cette plante sur un défoncement nouveau, à moins d'avoir fumé abondamment. La terre, qui, par cette opération a été ramenée à la surface, étant mauvaise, a besoin d'être améliorée et fertilisée préalablement par certaines plantes, des fèves, des pommes de terre, par exemple, à la culture desquelles on consacre beaucoup de fumier et de nombreuses façons.

Le sol bien préparé avec autant de soin que pour la culture du chanvre, ameubli par de fréquents labours suivis de bons hersages, bien nettoyé de mauvaises herbes, disposé par grandes planches légèrement bombées, rendu pulvérulent s'il est trop compacte par un amendement tel que le plâtre, la chaux, fumé de nouveau par un engrais entièrement fermenté et intimement incorporé dans le sol, on procèdera en septembre, mais mieux en mars par un temps sec, à l'ensemencement de la graine, à la dose de 30 kilos par hectare, que l'on recouvrira à peine avec des râteaux, un hersage léger, ou un rouleau peu pesant.

Cette graine, originaire de l'Europe méridionale, est très-sensible aux froids ; aussi le printemps nous semble préférable à l'ensemencement pour éviter les froids d'abord, et ensuite pour donner à la jeune plante les façons nécessaires qui consistent, dans les deux premiers mois de la végétation, à la débarrasser des mauvaises herbes par des sarclages légers et fréquents.

Comme toutes les graines destinées à être semées, la graine de luzerne sera mûre, lourde, luisante, et purgée de toute graine étrangère.

La pratique d'associer la graine de luzerne avec le trèfle est blâmable. Non-seulement cette dernière plante donne, la première année, des produits médiocres, mais lorsqu'elle disparaît il existe des vides que la luzerne ne parvient jamais à combler.

Nous conseillons encore moins de semer la luzerne sur le blé. Nous sommes tout au plus d'avis d'assortir à cette semence quelques grains de maïs, même en très-petite quantité, et encore dans les sols riches. Dans ce cas, cet ensemencement permet d'obtenir un produit rémunérateur de la préparation du sol, et puis le maïs, s'élevant au-dessus des jeunes plants de luzerne, les abrite contre la chaleur et retient l'humidité qu'une trop forte évaporation ferait disparaître.

Ne quittons pas l'ensemencement de la luzerne sans dire que la transplantation de cette plante et son ensemencement en ligne ont l'inconvénient de donner des tiges trop grossières, d'altérer par conséquent la qualité du fourrage, sans compter que les produits sont inférieurs aux dépenses nécessitées par ce mode de création de luzernières.

Vivace, la luzerne peut donner trois ou quatre coupes par an, et exister dix à douze ans sur un terrain d'alluvion, six à sept ans au plus sur un sol argileux, argilo-calcaire. Après ce temps, cette plante épuise le sol au lieu de l'amender.

Trois ou quatre ans après sa naissance on doit avoir la précaution de la fumer avec un engrais concentré, tel que le purin, des cendres, de la suie, ou mieux encore le guano dissous dans l'eau. Nous observons que le plâtre est sans effet sur cette plante, cultivée dans les boulbènes.

Les animaux ne devront *jamais, dans aucune circonstance*, pâturer dans une luzernière, encore moins la première année de son établissement.

On a bien conseillé, pour renouveler une luzernière après neuf ou dix ans d'existence, d'opérer l'excision entière du collet de la plante au moyen d'une houe très-tranchante, mais cette opération, en donnant plus de vigueur à la plante, augmente ses moyens d'épuisement ; le mieux est de défricher et de semer ailleurs.

Nous avons le plus grand intérêt à conserver cette plante, et nous ne connaissons pas de moyen plus efficace après la fumure que le sarclage, pour combattre les plantes adventives qui, à diverses époques de l'année, se montrent en si grande abondance. Nous procéderons à ce travail de deux manières : à la main ou à l'aide de la herse ; nous ne parlerons que de ce dernier mode, c'est le seul pratique rationel. A cet effet, on emploie la herse Valcour. Cet instrument, passé en tous sens sur le champ à la sortie de l'hiver, après un léger dégel, arrache les mauvaises herbes, chausse la luzerne sans nuire à ses longues racines, et facilite l'action des engrais par les nombreux et petits sillons qu'il creuse dans le sol.

Parmi les soins de conservation de la luzerne, il est utile de mentionner ceux que réclame sa santé. Cette plante est souvent envahie par certaines plantes parasites, notamment par la *cuscute*, le *rhysoctone*, quelquefois aussi elle est la proie d'un ennemi non moins redoutable, le *négril*, ou *eumolpe obscur*.

a. La cuscute est très-reconnaissable. Dans une luzernière on voit, par places distinctes, les tiges de la luzerne, étreintes, enlacées par des rameaux déliés, filiformes, sans feuilles, de couleur rougeàtre ; c'est la cuscute qui, à l'aide de son réseau inextricable et surtout de ses suçoirs, épuise la luzerne et la fait périr.

On évitera ses ravages en plongeant la graine de luzerne, avant de la semer, dans un bain d'eau de lessive, et après l'avoir frottée vivement entre les mains, on prendra la précaution de jeter tout ce qui surnage, graines de cuscute ou autres. Si, malgré ces soins, le champ est infesté par la cuscute, nous mettrons en pratique le moyen proposé par M. Duranchon, qui consiste à détruire, à briser dans tous les sens et en même temps, avec une fourche, les tiges de la luzerne et celles de la cuscute, et d'emporter le tout au loin.

b. Le rhysoctone, autre plante parasite de la famille des cryptogames qui, au lieu de porter son action sur les tiges, sévit sur les racines. Cette affection n'a d'autre cause qu'un excès d'humidité dans le sol. On la reconnaît à l'extérieur, à la couleur jaune que prend la plante et à son dépérissement. Si l'on sonde le terrain et que l'on mette à nu une racine, on remarque sur celle-ci une tâche vineuse, c'est le seul caractère essentiel de la maladie. Une luzernière attaquée par le rhysoctone doit être défrichée immé-

diatement, et si on veut conserver la fertilité du sol
on doit se hâter de l'assainir et de le fumer abondamment.

c. Reste à détruire le négril qui, fort heureusement, n'exerce ses ravages que sur la seconde coupe
de la luzerne. Dès son apparition, on doit couvrir de
paille toute la surface envahie et y mettre le feu.
Gasparin assure avoir obtenu des résultats très-satisfaisants de ce procédé, sans compromettre la vie de la
luzerne.

Quelques glousses avec leurs poussins détruisent
aussi très-bien ces insectes.

C'est lorsque apparaissent les fleurs de la luzerne,
parties les plus azotées, les plus nutritives par conséquent, que l'on doit se hâter de faucher ce fourrage.
Comme nous l'avons fait ailleurs pour la moissonneuse, nous formulons des vœux pour que les fau-
cheuses soient généralement appliquées au coupage
de toutes nos prairies.

Les feuilles des plantes étant à leur tour les parties
qui contiennent la plus grande somme de principes
nutritifs, nous userons des plus grands ménagements
pour le fanage. A cet effet, on se bornera à retourner
seulement, matin et soir, les andains sans les étendre,
sans les éparpiller deçà, delà. Ce mode d'opérer exige
sans doute beaucoup de temps, mais la qualité y
gagnera certainement beaucoup.

Si l'intempérie de la saison contrariait beaucoup
trop le fanage, on mettrait en pratique un procédé
connu sous le nom de méthode Klapmeyer : « Au fur

et à mesure que le fourrage est abattu, dit de Thèze,
on l'entasse, on fait une ou plusieurs meules ayant
chacune le volume d'une charretée de fourrage, on
donne à ce tas la forme d'un carré long haut de 3
mètres, à côtés perpendiculaires. Après 36 heures environ, on introduit la main dans ce tas, on s'assure du
degré de chaleur. Aussitôt que la température tend à
baisser, il faut se hâter d'enlever avec la fourche, ou
mieux avec la faulx à manche droit, tout le fourrage
qui borde la meule, sur une épaisseur de 15 à 20 centimètres, et de répandre ensuite le noyau quel que
soit l'état de l'atmosphère, serait-il pluvieux, sur une
épaisseur de 30 à 40 centimètres, pour le refroidir
pendant un ou deux jours, selon que le temps est
chaud ou froid. Si on laissait la meule se refroidir, on
courrait le danger d'altérer la qualité ; cependant on
n'a rien à craindre pendant 48 heures. Lorsque
le fourrage est refroidi, on forme de nouvelles meules
plus petites, bien faites, bien peignées, qu'on laisse
dans cet état un ou deux jours. Cette dernière opération n'a d'autre but que de séparer une poussière qui
s'attache aux feuilles, et qui ne se détache que lorsque
l'humidité produite par la fermentation est suffisamment essuyée. Au reste, cette poussière n'a rien d'in-
quiétant dans le cas où on serait forcé de rentrer le
fourrage avant de le mettre en petites meules. »

Bien que ce mode de fanage semble demander
quelques soins, qu'il paraisse même superflu sous
notre beau ciel, nous le recommandons expressément,
parce que le fourrage préparé ainsi conserve toutes

ses feuilles, sa couleur verte, et que les animaux le mangent avec avidité, sans nuire à leur santé.

Terminons ce que nous avons à dire sur la luzerne en faisant observer que cette plante ne peut revenir sur le même terrain qu'après les divers intervalles de temps que nous avons indiqués précédemment, mais mieux après une période égale à la durée.

Après le défrichement, on ne doit exiger de ce terrain que deux ou trois récoltes au plus sans engrais. Passé ce temps, on n'aurait que des produits presque insignifiants.

B. *Culture du trèfle.* — Les sols humides, riches, es sols compactes, argilo-siliceux (boulbènes), les terrains argilo-calcaires conviennent à la culture du trèfle. Une céréale succédant à une récolte sarclée et bien fumée est très-apte à recevoir ce fourrage.

On sèmera le trèfle au printemps dans le blé, par un temps humide, à raison de 25 à 30 kilogrammes par hectare, si la graine est épurée; mais on fera mieux de semer la graine avec la gousse, en bourre. On y procède en parcourant le champ deux fois en long, deux fois en travers, à quinze jours d'intervalle, et en employant chaque fois la moitié de la graine. Ajoutons qu'il n'y aurait aucun inconvénient à jeter la semence dru; le fourrage étant alors plus fin, les animaux l'appètent mieux. Les plantes fourragères, en outre, plus serrées les unes contre les autres, souffrent moins de la chaleur, et privent ensuite d'air les mauvaises plantes pour les faire périr. On aide ce moyen de destruction en donnant une fumure abon-

dante, ou, mieux encore, en répandant un engrais
liquide, le purin de nos fosses à fumier par exemple.
C'est le moyen de laisser exister cette plante deux ans
sur le même sol : il n'y a pas d'autres modes de sarclage pour cette récolte.

Le trèfle sera fauché au moment où la floraison est
complète, lorsque la tête commence à noircir; cette
époque ne souffre pas d'exception.

Le fanage de ce fourrage exige les précautions les
plus minutieuses. Trop humide, il noircit; trop sec, il
est dur, perd ses feuilles et ses fleurs; s'il se mouille,
il se décolore, devient insipide et dur. Le fanage aura
donc lieu avec les mêmes soins et, au besoin, selon le
procédé que nous avons indiqué pour la luzerne. Le
regain est encore plus difficile à conserver; aussi
proposons-nous de le stratifier avec la paille de blé.

On doit prendre la seconde coupe pour porte-graine,
et la faucher le matin avec la rosée, lorsque la graine
a pris une couleur violette; il suffit de deux ou trois
jours de fermentation pour l'épurer, ce qui a lieu à
l'aide d'un rouleau en pierre ou, mieux encore, avec
un instrument spécial appelé *débourreur*, quand on n'a
pas dans le voisinage une usine appropriée à cet usage.

Le trèfle, par la quantité de sucre, de gomme et
d'albumine qu'il contient, est éminemment précieux
pour la nourriture du bétail.

C. *Culture du farouch* (trèfle incarnat). — Tous les
terrains conviennent à cette plante, mais les sols
sablonneux, argilo-siliceux, boulbènes douces, sont
préférables.

Le farouch est semé au mois d'août, après une légère pluie, sur une terre déchaumée, à la dose de 18 à 20 kilogrammes à l'hectare de graine épurée ; mais nous préférons la semer en gousse. La semence devra être drue. Il est regrettable que cette plante devienne trop facilement la proie des insectes quand elle est jeune.

Le farouch a l'avantage de rendre le sol libre à une époque très-avancée de l'année ; il est, d'ailleurs, un fourrage précoce à donner en vert à une époque où les animaux sont quelquefois amaigris par les privations de l'hiver. Il leur procure une excellente nourriture pendant un mois et plus, si on prend la précaution de cultiver simultanément deux variétés : le farouch hâtif et le farouch tardif.

Quand il s'agira de réserver une partie de ce fourrage pour être consommé sec, on devra le faucher prématurément, c'est-à-dire dès l'apparition des premières fleurs, et, en outre, le mélanger avec la paille de blé.

Terminons enfin en signalant les bons effets des cendres lessivées répandues sur le farouch au sortir de l'hiver, en février.

D. *Culture de l'esparcette* (sainfoin). — Appelée ainsi, *sainfoin, foin-sain,* à cause de ses propriétés inoffensives sur les animaux.

Cette plante aime les terres sèches et calcaires, et peut être cultivée aussi dans les terres peu fertiles, légères, qui n'offrent pas assez de consistance aux trèfles, à la luzerne, sur les terrains pierreux, dans les sols en pente, sur les coteaux crayeux.

L'esparcette, par la disposition de ses racines pivotantes, qui s'entrelacent, se bifurquent souvent, a la faculté de lier, de retenir la terre, de braver aussi le froid et la sécheresse. Cette plante réussit mieux sur les sols élevés, bien exposés, que sur les bonnes terres fertiles et légèrement humides. Dans cette dernière circonstance, elle se laisse facilement envahir par les mauvaises herbes.

On sèmera simultanément l'esparcette et le blé, que l'on enterrera à la même profondeur, et en ayant soin de semer l'esparcette à la dose de 3 hectolitres à l'hectare. La graine, portée à l'oreille, doit tinter en la secouant ; alors seulement elle est mûre. On sèmera la graine de l'année : celle de deux ans ne germe pas.

L'esparcette sera fauchée au moment et pendant la floraison. Il est très-essentiel de surveiller attentivement le fanage. Si la plante est trop sèche, les feuilles tombent ; si elle est mal fanée, elle moisit, devient noire, et porte atteinte à la santé des animaux. Pour le fanage, on fera bien de procéder avec la même précaution que nous avons indiquée pour la luzerne, c'est-à-dire de ne pas trop éparpiller la plante, la laisser presque sécher sur place. La méthode Klapmeyer est aussi d'une bonne pratique pour la préparation de ce fourrage.

Pour la conserver, on fera bien de la stratifier en grenier avec de la paille de blé.

L'esparcette peut vivre sans inconvénient deux ans sur le même champ.

Une récolte de graines ne nuit pas à une sainfoinnière, deux l'épuisent considérablement, ainsi que le sol; pour récolter la graine, il faut choisir dans le champ la partie la plus vigoureuse.

Rappelons aussi que le pâturage des moutons altère considérablement la végétation de cette plante; la dent du bœuf est un peu moins funeste, moins cruelle.

Le sainfoin, cultivé comme fourrage, est le plus précieux, le meilleur de tous; il ne détermine aucune maladie chez les animaux : il les rend, au contraire, forts et vigoureux, et les engraisse. Cultivée comme engrais dans les sols de médiocre valeur, dans les terrains crayeux, dans une vieille vigne, dans une bonne terre enfin, comme dans une mauvaise, l'esparcette augmente toujours la valeur du sol et le fertilise, surtout quand il est enfoui.

Il existe une variété d'esparcette, dite *à deux coupes*, qui se distingue de la précédente par des feuilles plus larges. Nous ne croyons pas devoir recommander sa culture, parce que la seconde coupe n'est bonne qu'à produire la graine.

E. *Culture de la vesce.* — Parmi les nombreuses variétés de cette légumineuse, nous nous bornerons à la culture de la vesce noire, la blanche étant beaucoup trop sensible à la gelée.

Cette plante se trouve bien dans un terrain sec; elle craint l'humidité et les froids trop rigoureux, elle amende le sol, et le prépare convenablement à recevoir une plante sarclée.

La vesce doit être semée avant l'hiver, dans la se-

conde quinzaine de septembre ; celle que l'on sème au
printemps réussit mal, la sécheresse étant très-nui-
sible à sa prospérité.

Le mode d'ensemencement consiste à labourer aussi
profondément que possible un chaume, à jeter la
graine à la volée, et à la recouvrir avec la herse.
Excepté que l'on destine ce fourrage à être consommé
en vert, on doit s'abstenir de mêler à la semence du
blé ou de l'avoine ; ce mélange épuise le sol, et la
vesce souffre de ce voisinage ; 175 litres suffisent à
l'encemencement d'un hectare.

Pour la faucher, on attendra la formation de quelques gousses, et on la fanera suivant la méthode
Klapmeyer ; on sait combien la pluie altère la qualité
de ce fourrage lorsqu'elle arrive pendant le fanage.

F. *Culture de la petite gesse* (geissou). — Cette plante
se distingue par ses tiges anguleuses, ses feuilles
tendres et nombreuses.

Le *geissou* devrait occuper une plus grande place
dans nos cultures fourragères ; il améliore le sol.

Ce fourrage doit être coupé avant la floraison, et
on ne lui connaît pas de meilleur usage que celui
d'être consommé en vert.

Cette plante se plaît dans les sols riches, les terrains calcaires surtout.

G. *Culture de la fève.* — Nous cultiverons la fève
avec succès dans les terrains forts, argilo-calcaires,
et ensuite dans les sols moyens, frais sans être humides,
ainsi que dans les terres argileuses.

La fève épuise peu le sol, et le nettoie des mauvaises

herbes par les nombreux sarclages qu'elle réclame.

Cette plante exige deux labours et une fumure ; le plâtre agit efficacement sur sa végétation. Cultivée comme engrais, c'est-à-dire enterrée au moment de la floraison, la fève féconde éminemment le sol.

C'est avant l'hiver que l'on doit semer les fèves en lignes à une profondeur de 8 à 10 centimètres, chaque grain espacé de 35 à 40 centimètres, et après lui avoir fait subir une macération de cinq à six heures.

Les variétés qui semblent réussir plus avantageusement sont les fèves de Nice, d'Espagne, mais notre fève petite, arrondie, est celle qui produit le plus.

On sarcle deux fois avec la sarclette à deux becs lorsque la fève est jeune, et avec la houe à cheval quand elle est grande. Lorsque les fleurs commencent à paraître à l'extrémité des tiges, on étête la plante, d'abord pour se procurer un excellent fourrage, et ensuite pour prévenir la *miellée*, maladie particulière à la fève, qui sert à nourrir les fourmis, et provoque le développement de cette légion innombrable de pucerons. Si, au moment de couper ces extrémités, on reconnaît que cette plante est marquée de taches brunes trop étendues, on doit se hâter de l'enfouir à la charrue.

La récolte a lieu lorsque le grain commence à devenir légèrement noir ; bien que la tige conserve sa couleur verte, on la met en meule. La fermentation suffit pour la mûrir complétement. La fève, semée dru et coupée un peu après la floraison, est un très-bon fourrage.

H. *Culture des lentilles.* — Les terres siliceuses ou calcaires seules conviennent à la culture des lentilles.

La récolte a lieu à la chute des feuilles inférieures, et lorsque les gousses sont rougeâtres. On arrache les tiges, que l'on fait sécher, et que l'on bat ensuite au fléau.

La lentille, cultivée pour fourrage, est mangée avec avidité par les animaux ; mais, si on la destine à cet usage, on doit la faucher aussitôt que les cosses sont formées.

I. *Culture du pois.* — Les pois se préfèrent dans les terrains argilo-calcaires ; cependant, ils réussissent assez bien dans tous les sols.

On sème avant l'hiver un grand nombre de variétés de pois : le pois blanc, le tête-noire, le nain, etc., et, en février, le pois vert, le quarantain. Pour semence, on prend le grain de la dernière récolte, celui surtout qui n'est pas attaqué par la larve des Bruches.

Lorsque les gousses inférieures sont mûres, on arrache les tiges, que l'on met en andains, et l'on bat au fléau ou au rouleau.

Le pois, fauché avant la formation de la cosse et fané, est recherché par les animaux ; seulement, il est à remarquer que la dessiccation est très-difficile.

J. *Culture des pois chiche et carré.* — Ces pois se cultivent comme les précédents, dans les mêmes terrains. Ils redoutent la gelée ; aussi doit-on les semer au commencement du printemps.

Ces plantes sont un excellent fourrage pour les animaux, si, comme les pois, on les fane avant la formation du grain.

L. *Culture du lupin*. — Le lupin se cultive et se sème à la volée dans les sols sablonneux. Sa culture n'a d'autre but que d'utiliser les tiges comme engrais en les enfouissant alors qu'elles sont en fleur.

Si on veut servir les graines aux animaux, on doit au préalable les mettre dans le four immédiatement après la cuisson du pain ; cette torréfaction est nécessaire pour les débarrasser d'un principe àcre, irritant, qui existe entre la pulpe et l'écorce. Faisons observer, en outre, que cette graine aura trempé ensuite pendant vingt-quatre heures dans l'eau avant de la faire manger aux bestiaux.

On donne à cette graine la faculté de prévenir la *cachexie aqueuse* des moutons.

§ III. *Racines.*

A. *Culture de la pomme de terre.* — Cette racine compte un nombre infini de variétés, produites tantôt par le climat, tantôt par la culture, ou bien par le semis notamment ; aussi reconnaissons-nous notre impuissance pour dire si la pomme de terre grosse, blanche, doit être préférée à celle qui est marbrée ou jaune, si la vitelotte réussit mieux que la Chardon, si on doit rechercher la pomme de terre hâtive ou tardive de Hollande (1).

Tout ce qu'il nous est permis d'assurer, c'est que la

(1) On a cherché à classer les pommes de terre en prenant pour base, soit la forme, soit la nuance, la grosseur, le mode de végétation hâtive ou tardive, soit aussi en prenant pour point de départ le feuillage, la couleur de la fleur.   *(Encyclopédie de l'agriculteur.)*

pomme de terre blanche, ronde, lisse, à fleurs blanches, est celle qui est le mieux appropriée à tous nos terrains en général, soit de la plaine, soit du coteau, à la condition toutefois que le terrain ne soit pas humide, que l'on donnera à cette culture une bonne fumure, et que l'on plantera ces tubercules à une époque assez avancée pour que la plante soit forte et vigoureuse quand viendront les premières chaleurs.

La culture de la pomme de terre est favorable à l'emblavure qui la suit. On peut bien, à la vérité, éprouver quelques retards pour la préparation du sol; mais, d'un autre côté, elle est améliorante, parce qu'elle augmente l'activité, la puissance du terrain, en le rendant perméable à l'air, en le divisant par les racines, et l'amendant surtout par les sarclages obligés, les façons nombreuses que réclame cette récolte. Toutefois, nous recommandons de bien travailler le champ avant qu'il reçoive la semence du blé.

Le sol destiné à la culture de la pomme de terre sera labouré souvent et profondément, et fumé après le second labour; en outre, un engrais pulvérulent (la colombine par exemple, mêlée au marc de vendange) sera déposé dans la raie qui doit recevoir le tubercule.

Parmi les divers modes d'ensemencement, nous conseillons le suivant : au commencement de mars, on choisit les pommes de terre moyennes (celles qui n'ont pas germé, si c'est possible), et, avec un couteau, on enlève de chacune tous les yeux, moins deux; puis, avec la main qui doit remplacer le plan-

toir, on les place en lignes au milieu de la planche, si
le champ est labouré ainsi, à une profondeur de 8 à
10 centimètres, ou au milieu du guéret, sur la partie
moyenne et opposée à l'ados, si le champ est billonné ;
chaque semence espacée de 40 centimètres environ.

Aussitôt que la plante a acquis 10 à 12 centimètres,
on la déchausse, et on fait suivre cette opération
d'abord d'un léger sarclage à la main, puis d'un sarclage à la houe à cheval ; on butte et, plus tard, on
donne encore de fréquents sarclages à la houe à cheval.

Bien que certains praticiens aient proposé d'étèter
les tiges, il est sage d'éviter cette mutilation ; elle est
toujours funeste à la prospérité de la plante. Si on
remarque sur quelques feuilles des taches roussâtres
(la *rouille)*, on devra s'empresser de les couper avant
l'apparition du fléau.

On connaîtra la maturité de la pomme de terre à la
teinte jaunâtre que prennent les feuilles et les tiges ;
à ce moment, on procède à l'arrachage, qui aura lieu
à la charrue.

On évitera soigneusement toutes causes de meur-
trissures pendant le chargement et le déchargement
surtout ; on ne mettra cette récolte en grenier que
lorsqu'elle sera bien ressuyée. Le local lui-même sera
non-seulement très-sec, mais encore, si c'est possible,
obscur et peu aéré. C'est le moyen d'assurer la conservation de ce tubercule.

La pomme de terre doit être administrée avec ménagement au bétail : un principe délétère qu'elle
contient, susceptible d'ailleurs d'être considérable-

ment affaibli par la cuisson, est la cause détermi-
nante de maladies graves pouvant entraîner la mort.

Depuis quelque temps, cette racine est sujette à
une maladie appelée *frisolée*. Bien des théories ont été
émises pour la guérir ; tous ces systèmes sont encore
à l'état d'hypothèse. Cependant, l'expérience semble
démontrer que la conservation de ce tubercule dans
un lieu sec, l'enlèvement préalable de tous les yeux
inutiles de la semence, la bonne préparation du sol,
surtout l'éloignement de la culture de cette plante sur
le même terrain, sont les moyens les plus salutaires
pour affranchir la pomme de terre de toute altération.
Un insecte, le Doriphore, menace la pomme de terre.
Dans les pays envahis, quelques labours en hiver, et
en été certains toxiques sur les feuilles détruisent
assez bien ce nouveau parasite.

B. *Culture de la betterave*. — Toutes nos terres sont
aptes à la culture de la betterave. Parmi ses variétés,
celle qui convient le mieux à la nourriture du bétail
est la betterave *globe jaune* ou, mieux encore, la *disette*
ou *champêtre*, celle-ci se distinguant par ses feuilles
rougeâtres, ses racines allongées, marbrées, aqueuses,
et en partie hors de terre.

La betterave sera semée sur place et non repiquée.

Lorsque nous aurons à semer la betterave dans des
terres-forts, dans des terres de rivière, dans tous les
terrains à sous-sol perméable, où il sera permis de
labourer profondément et à plat le champ, après
avoir été copieusement fumé, on tracera à l'aide du

rayonneur (1) des lignes en tous sens, de manière à former des carrés de 70 à 80 centimètres de côté. A chaque point d'intersection, on fera un trou superficiel destiné à recevoir une ou deux graines de betterave, et, après les avoir recouvertes d'un peu de terre, on tassera fortement avec le pied ; cette dernière opération est d'une rigoureuse nécessité. Faisons observer que nous aurons fait tremper la graine un ou deux jours dans le but de hâter la germination et de rejeter celles qui surnagent.

Dans les champs qui exigent un labourage à billons, on aura soin de le défoncer, de le bien fumer, de placer la graine dans un petit poquet, et de la presser dans le sol, comme nous l'avons dit. Ici, nous n'avons pas à observer de distance, parce que les travaux à donner à cette plante se pratiquent autrement que ceux qui ont lieu dans les champs labourés à plat ; nous pourrons, par conséquent, placer la semence à 24 ou 25 centimètres, parce qu'il est démontré que les petites betteraves contiennent plus de principes nutritifs que les grosses, que les moyennes même.

Aucune plante, il faut le dire, ne demande plus de soins. Un premier sarclage à la main doit se faire dès que la plante commence à lever ; un second, dix à douze jours après. Lorsque la plante atteindra 10 à 12 centimètres de taille, on commencera les travaux

(1) Sorte d'instrument très-léger, susceptible d'être traîné par un homme, composé d'un châssis en bois portant, sur sa traverse postérieure, deux dents ou socs en bois ou en fer équidistants, auquel on adapte deux petits mancherons.

de déchaussage, de binage, à l'aide de la houe à cheval, et du buttage ensuite. Rappelons que ces travaux seront considérablement abrégés lorsque, la betterave semée sur un champ labouré à plat, le plant disposé en quinconce, on aura la faculté de donner toutes les façons voulues, en tous sens et à l'aide des animaux.

Cette plante, mieux que toutes les autres, affronte facilement la sécheresse, qui désole malheureusement trop souvent nos contrées. Bien que la récolte semble perdue pendant les fortes chaleurs, s'il vient un jour de pluie, la plante reverdit, et elle est sauvée.

Nous blâmons sévèrement la pratique de couper prématurément les feuilles de la plante; ces organes, si utiles, si essentiels à son existence, doivent être respectés pendant tout le cours de sa vie.

Un temps sec est nécessaire pour l'arrachage. Ces racines seront nettoyées sans les blesser, les meurtrir, les entamer. Un cellier, une cave sont des lieux très-convenables pour les conserver; on peut aussi les placer dans un champ, et les couvrir de terre, en ayant soin de laisser à la partie supérieure une ou deux ouvertures faites au moyen de tuiles-canal. C'est un genre de silos bien approprié à cet usage.

Il est sage de renouveler la graine chaque année. A cet effet, on plantera au mois de mars une grosse betterave dans un sol bien ameubli et sans fumier. Lorsque ses capsules sont formées, on met la tige à l'ombre pour terminer la maturité de la graine.

La betterave est un aliment très-salubre pour les animaux; à part les principes alibiles qu'elle possède, et dont les bestiaux font grand profit, cette racine corrige très-bien aussi les effets de la nourriture sèche.

C. *Culture de la carotte.* — Nous pouvons indifféremment cultiver la carotte rouge ou la blanche à collet vert ; cette dernière, néanmoins, est préférable pour la nou rriture des animaux.

Cette plante exige un terrain de premier choix, profond, substantiel, bien ameubli, très-fertile de sa nature, et copieusement fumé avec des engrais consommés, afin que ceux-ci, privés de graines parasites, rendent le sarclage moins dispendieux.

La carotte fertilise le sol par les feuilles qui se détachent de ses longues racines, et tiennent en activité la couche de terre ; l'ombre même de ses feuilles fait périr les plantes étrangères. Une céréale vient très-bien après une récolte de carottes.

On sème en lignes en mars ou au commencement d'avril ; plus tard, nos chaleurs estivales s'opposeraient à sa venue. Il faut prendre la précaution de froisser vivement la graine entre les mains avant de la semer, et de la faire macérer dans l'eau pour provoquer la germination ; de plus, on l'enterrera profondément et on tassera le sol avec un rouleau en bois.

Un ou deux arrosages d'engrais liquide, quelque temps après que la plante a levé, contribuent puissamment à sa prospérité.

La carotte résiste à une température de 7 à 8 degrés au-dessous de zéro. On pourrait donc la laisser en terre pendant l'hiver ; mais il est plus prudent de la mettre en grenier. On évitera de meurtrir ces racines en détachant les feuilles.

La carotte est favorable à la santé de tous les animaux; elle donne de la force, de la vigueur aux chevaux, et engraisse les bœufs.

D. *Culture du topinambour.* — Les sols sablonneux, maigres, stériles pour toute autre culture, les lieux ombragés, les lisières des bois, peuvent convenir à cette plante; cependant, un engrais quelconque augmente considérablement ses produits.

Ce tubercule se sème entier, à la charrue, dans les champs plats, en lignes distantes de 80 centimètres, ou sur l'ados, dans les champs à billons, chaque semence espacée de 30 centimètres environ. Cette plante est peu exigeante pour le sarclage. On la débarrasse de temps en temps des herbes parasites; 5 à 6 hectolitres sont nécessaires pour semer un hectare.

Le topinambour résiste aux sécheresses, aux froids les plus rigoureux. On peut l'arracher au fur et à mesure des besoins; mais si, vers la mi-novembre, on le met en grenier, il est moins aqueux, plus nutritif, plus sapide, et devient plus farineux.

Le topinambour convient à tous les animaux, aux moutons surtout; les porcs refusent d'abord d'en faire usage, mais bientôt ils en sont friands.

Cette plante pullule beaucoup et se reproduit presque d'elle-même; cependant, il est facile d'en débarrasser le champ : d'abord, en apportant quelques soins au moment de l'arrachage, ensuite, en enlevant au printemps les tiges qui repoussent, ou bien encore en faisant succéder à cette culture une luzerne. Au reste, pourquoi ne mettrions-nous pas à profit, si la nécessité s'en fait sentir, le privilége que possède cette plante de prospérer plusieurs années de suite sur le même champ?

E. *Culture de la rave.* — Cette racine possède un grand nombre de variétés. Nous cultiverons la blanche et la rouge dans une terre légère, profonde, bien ameublie et bien engraissée. Elle ne réussit bien que sous une température humide ; malheureusement aussi elle résiste peu aux chaleurs du mois de septembre, et devient trop souvent la proie de quelques insectes quand elle lève.

Cette racine contient peu de principes nutritifs (50 kilogr. de raves n'égalent que 11 kilogr. de foin); elle doit être donnée en grandes quantités aux animaux.

F. *Culture du rutabaga.* — Connu aussi sous le nom de *navet de Suède.* Cette racine, dont la culture devrait être beaucoup plus répandue dans le Département, est moins productive que la rave; mais elle est plus lourde, moins aqueuse, plus rustique et plus avantageuse pour les animaux.

Cette plante peut être cultivée dans tous les sols, même dans les sols humides ; on la sème sur place ou en pépinière. Ce dernier moyen est préférable, et on y procède ainsi : en août, dans une portion de terrain bien travaillé, parfaitement ameubli, copieusement fumé avec un engrais consommé, on jettera une petite quantité de graines clair-semées; chacune de ces conditions doit être rigoureusement observée, afin que la plante soit forte et très-vigoureuse pour le repiquage.

Le semis sera recouvert d'une légère couche de menue paille ou de balles de blé, que l'on enlèvera aussitôt que le jeune plant commencera à lever ; à ce moment aussi, il convient de répandre des cendres non-lessivées pour éloigner un insecte (l'altyze bleu), qui pourrait tout dévorer dans un jour.

Fin octobre, on repique les plants à l'aide du plantoir, à 50 centimètres de distance, et en quinconce ou en lignes ; on arrose si le temps est sec. Lorsque la plante commence à se dresser, on passe légèrement la houe à cheval ; puis, un second sarclage a lieu dix-huit à vingt jours après, et on butte lorsque le rutabaga a acquis le tiers de sa grosseur.

Cette racine se conserve très-bien en terre jusques fin février ; elle entretient le bétail en très-bon état ; elle est supérieure à la rave, à la betterave, à la pomme de terre.

Une observation expresse est à faire : c'est de se procurer soi-même la graine. A cet effet, on prendra des sujets vigoureux, bien nourris, et on les plantera dans un lieu éloigné de tous les plants du genre chou.

Dans cette étude de racines alimenteuses, nous croyons devoir signaler très-instamment à nos agriculteurs le chou et le colza *(chou-rave)*. Bien que ces plantes ne soient propres à la nourriture du bétail que par leurs feuilles, nous devons les mentionner : d'abord en raison de leur importance, et ensuite parce que notre sol, notre climat, sont très-bien disposés à leur culture.

G. *Culture du chou.* — Parmi les nombreuses variétés du chou, nous cultiverons le *chou cavalier*, dit aussi *à vache*, ou le *chou branchu du Poitou*. Cette plante prospère bien dans les sols plutôt forts que légers, frais sans être humides.

On les sème en pépinière fin mars, et on plante en juin et juillet, chaque pied à une distance de 50 centimètres; on aura la précaution d'arroser immédiatement et pendant quatre à cinq jours après.

Depuis novembre jusques en mars, les feuilles de chou constituent un excellent fourrage vert, et donnent un bon fumier.

H. *Culture du colza.* — Le colza se cultive ordinairement comme plante oléagineuse; mais il peut être très-utile comme fourrage.

Cette plante aime les terres-forts peu exposés à l'humidité; dans les argiles, elle vient assez bien, mais elle a besoin, au printemps, d'un peu de pluie.

On sème le colza en lignes (1), à la fin de l'été. Le sol doit être bien fumé; sans engrais, il réussirait médiocrement, parce que ses feuilles, couvertes d'un vernis cireux, empruntent fort peu à l'atmosphère.

Aussitôt après les dernières gelées, on déchausse, on sarcle avec soin, et on butte immédiatement. Le

______

(1) A cet effet, on se sert d'une bouteille dont le goulot porte un bouchon dans lequel passe un tuyau de plume, cette plume étant elle-même d'un calibre à donner passage seulement à la graine.

colza a le double avantage d'être très-précoce et de
pouvoir préparer, labourer la terre, afin de la livrer
de bonne heure à une autre culture.

Encore étrangère presque à nos assolements, la
culture du colza, bornée, dans certaines contrées, à
quelques planches très-restreintes, peut à peine suffire à nos besoins ménagers. Cependant, l'extension
que prend aujourd'hui le commerce de cette graine
nous impose une courte digression sur cette récolte,
considérée au point de vue industriel.

Lorsqu'il s'agira de cultiver le colza comme plante
oléagineuse, on le sèmera fin mai en pépinière, à
laquelle on donnera les mêmes soins, la même quantité de fumier, que nous avons recommandés pour le
semis du rutabaga, afin, avons-nous dit, que le plant
à repiquer soit très-fort, très-vigoureux.

Fin novembre, dans une terre déchaumée seulement, on transplante; et voici le mode à suivre : un
ouvrier enfonce d'un seul coup la houe (le *foussou)*
dans la partie moyenne du billon opposée à l'ados, si
le champ est billonné ; un enfant dépose le plant dans
cette ouverture tenue béante ; une autre personne
y jette en même temps une poignée d'un engrais pulvérulent (du guano, de la colombine, par exemple),
et aussitôt l'ouvrier qui tient la houe laisse se refer-
mer ce trou en retirant l'instrument, et donne en
même temps, avec le plat de la lame de cet outil, un
coup sec et fort, afin de tasser la terre contre les
racines de la plante ; chaque pied distant de 50 centimètres de l'autre.

En mars, on donne tous les travaux nécessaires de déchaussage, sarclage et buttage.

La récolte a lieu à la chute des premières feuilles inférieures, aussitôt qu'une partie des siliques prend une couleur jaune pâle, *œil de lézard*. Les tiges doivent être coupées à la faucille le matin avec la rosée, et déposées en meules sur le champ, les siliques en dedans, pour subir une légère fermentation pendant quatre ou cinq jours ; puis, après avoir été dépiquée, la graine est déposée en grenier en tas très-minces.

Cultivé pour la graine, le colza donne des produits très-rémunérateurs ; on regrette seulement d'avoir à compter avec les ravages de certains insectes sur la fleur et la graine (le métidula : un scarabée, le charençon du colza, le puceron, le ver blanc et les altyses ; ces derniers, cependant, n'attaquent que les feuilles). Nous sommes impuissants à conjurer ces maux ; espérons que la science nous donnera bientôt le moyen de nous affranchir de ces fléaux.

I. *Culture du sarrasin* (blé noir). — Dans un autre genre de plantes, et bien que cette culture soit peu connue dans nos contrées, nous croyons utile de recommander comme plante intercalaire dans tous les assolements, comme engrais végétal et comme aliment pour les animaux dans les années disetteuses, et pour les volailles surtout, le blé noir ou sarrasin.

Très-précieux, non par ses fanes, qui ont peu de valeur, mais par ses grains, qui sont très-salubres et très-alimenteux ; peu exigeant pour sa culture, le blé noir occupe le sol cinquante à soixante jours seulement.

Cette plante fatigue peu la terre, vient bien dans les
sols frais, légers, les bas-fonds, à l'abri du vent du
Sud-Est, et dans les terrains peu fertiles des coteaux.
Comme aussi, lorsqu'une récolte de maïs ou de haricots est perdue sans espoir, le blé sarrasin peut les
remplacer et donner un produit abondant.

Le noir animal convient beaucoup comme engrais
au blé noir.

On sème environ 40 litres de graines par hectare à
la volée, à une faible profondeur, et on recouvre la
semence avec la herse.

La récolte a lieu lorsque la graine a pris une teinte
un peu brune, bien qu'elle se trouve en pâte. On y
procède avec la grande faulx; on fait de petites meules
que l'on dépique au fléau après cinq ou six jours de
fermentation.

Le produit ordinaire est de 30 à 40 hectolitres à
l'hectare. Les chevaux appètent cette graine, qui peut
remplacer l'avoine pour les tenir en bon état, mais
qui ne leur donne pas cette énergie, cette ardeur particulières à celle-ci.

CHAPITRE VIII

Culture des prairies naturelles, préparation du sol, semences, irrigations, divers modes d'irrigation, quelles sont les eaux propres à l'irrigation, amendements, fumiers, récolte des prairies, instruments employés à cet usage, rentrée et conservation des foins.

§ I. *Culture des prairies naturelles.* — La prairie naturelle diffère de la prairie artificielle parce qu'elle est formée de plantes appartenant à plusieurs familles, à plusieurs espèces, et qu'elle maintient le sol dans un état de gazonnement tel qu'il pourrait être permanent (Magne).

Malgré les assertions d'un grand nombre d'agriculteurs distingués (Young, le baron Crüdd), qui admettent, entre autres objections, que le défaut de connaissances en économie agricole explique seulement l'existence des prairies naturelles, nous entretiendrons toujours et quand même, dans nos exploitations agricoles, une prairie naturelle. « Qui a du foin a du pain, a-t-on dit avec raison. »

Et puis, nos prairies artificielles nous font défaut souvent, soit parce qu'elles ont été établies dans de mauvaises conditions, soit parce que la semence a été détruite par trop d'humidité ou de sécheresse, ou bien parce que ce produit souffre sous l'influence de cette dernière circonstance ; la prairie naturelle, elle, redoute bien moins cette série d'accidents.

Plus rustique encore que la prairie artificielle, la prairie naturelle jouit du privilége de résister aux froids, de procurer longtemps un pacage abondant, d'exiger peu de soins d'entretien, de donner sans semences, sans travail presque, un produit qui, quoique variable en quantité, peut toujours être compté pour une bonne récolte de fourrage. Aucune récolte, nous pouvons le dire, n'est aussi constante que celle d'un pré établi dans de bonnes conditions. Nous devons donc établir des prés naturels dans chaque sol qui sera approprié à cette culture.

Dans toutes les terres, sur la pente de tous les coteaux, dans toutes les vallées, partout où l'on remarque un peu d'humidité, on doit, sans hésiter, procéder à l'établissement d'une prairie naturelle.

Faisons observer que la qualité et la quantité du foin varient selon le lieu qui le produit. Ainsi, le coteau donnera peu de foin, mais il sera sapide, fin et aromatique ; la plaine en produira davantage et de bonne qualité pendant les années pluvieuses, mais rare et grossier pendant la sécheresse ; les bas-fonds, ceux surtout qui longent les rivières, les ruisseaux, donneront d'abondantes récoltes, mais le foin sera long, dur, grossier et peu succulent.

§ II. *Préparation du sol destiné à l'établissement d'une prairie.* — On comprendrait mal ses intérêts si, pour l'établissement d'une prairie, on était sobre de dépenses, de travail, d'engrais surtout.

Pour d'autres cultures, l'usage immodéré de fumier pourrait faire craindre la verse, mais pour la prairie on prévient cet accident en la fauchant lorsqu'elle acquiert trop de vigueur.

Une règle invariable exige que l'on établisse la prairie sur une céréale qui suit immédiatement une plante sarclée.

Au commencement du printemps le champ sera nivelé, assaini, égouté, labouré profondément en planches, ameubli avec soin et fumé avec du fumier consommé. Si la prairie est destinée à être arrosée, on disposera la surface de manière que l'eau ne puisse séjourner sur aucun point, et puis on procèdera à l'ensemencement (1).

§ III. *Semences.* — On a deux moyens pour se procurer la graine : l'un de s'adresser au commerce, l'autre de la récolter soi-même. Dans tous les cas, nous proscrivons rigoureusement l'emploi de ce poussier du grenier à foin pour former une prairie.

Lorsqu'on veut se procurer soi-même la graine, on choisit un bon pré dont la nature du sol soit la même que celle qu'il s'agit de semer ; on la divise en deux parties, on fauche la première moitié lorsque les herbes hâtives sont arrivées à maturité, et la seconde lorsque les graines tardives sont mûres ; ce moyen, disons-le, est préférable à tout autre, mais

(1) On a proposé un mode d'établissement de prairie, qui consiste à recouvrir un sol quelconque de gazon ; nous n'en parlons que pour mémoire.

difficile à mettre en pratique, chacun ne pouvant disposer à sa volonté d'une bonne prairie.

Si l'on s'adresse au marchand grainier, on sera sévère pour le choix ; voici la qualité et la quantité qu'il s'agit de prendre :

Dans les prés humides exposés aux inondations, on sèmera par hectare :

Ray-grass d'Italie................	6 kilog.
Fétuque des prés...............	20 —
Vulpin des prés...............	15 —
Fléau des prés.................	6 —
Flouve odorante...............	25 —
Paturin des prés...............	15 —
Avoine jaunâtre...............	3 —
Lupuline	6 —
Vesce multiflore...............	5 —
Trèfle blanc..................	6 —

Dans les lieux frais, sinon humides toute l'année, dans les terres-forts, on sèmera par hectare :

Dactyle peletonné..............	20 kilog.
Vulpin des prés................	20 —
Fétuque des prés..............	25 —
Avoine élevée ou fromental......	25 —
Houlque laineuse..............	19 —
Fléau des prés.................	6 —
Trèfle blanc..................	3 —
Trèfle rouge..................	4 —

Dans les terrains secs arrosés passagèrement, on sèmera à l'hectare :

Houlque laineuse..............	6 kilog.
Fétuque élevée................	15 —

Fétuque des prés.............. 10 kilog.
Flouve odorante.............. 10 —
Paturin des prés.............. 15 —
Brôme doux.................. 10 —
Brôme schrader.............. 3 —
Dactyle peletonné............ 4 —
Vulpin des prés.............. 4 —
Ray-grass ....,.............. 3 —
Trèfle blanc.................. 6 —
Trèfle rouge.................. 4 —
Lupuline.................... 2 —
Vesce multiflore.............. 4 —
Gesse des prés.............. 3 —
Fétuque ovine................ 2 —

Dans les sols sablonneux, on jettera par hectare :

Trèfle blanc.................. 15 kilog.
Ray-grass d'Italie.............. 10 —
Houlque laineuse.............. 20 —
Flouve odorante.............. 15 —
Pimprenelle .... 10 —
Plantain lancéolé.............. 4 —
Achillée millefeuille............ 12 —
Brôme des prés.............. 15 —

Enfin, dans les prés destinés à être arrosés, on mettra en plus grande quantité la flouve odorante et le vulpin des prés.

Les graines susceptibles d'être dévorées par les oiseaux, les pigeons par exemple, telles que les vesces, les gesces, seront enterrées avec la herse, tandis que les autres seront d'abord semées à la volée, et recouvertes ensuite avec le râteau, ou mieux encore à l'aide d'un rouleau très-léger.

Pendant les premiers six mois qui suivront l'établissement de la prairie, on évitera avec soin le passage des animaux. Après ce délai, le pacage du bœuf aidera au développement du collet des racines des plantes.

§ IV. *Irrigation. Divers modes d'irrigation de la prairie.* — Dans notre Département, où la sécheresse cause tant de mal, pourquoi ne mettrions-nous pas en pratique l'irrigation, moyen précieux de fertilisation pour toutes les cultures, pour la prairie surtout ?

N'avons-nous pas à notre service un grand nombre de cours d'eau ? et notre canal latéral, à quel autre usage, aujourd'hui, peut-il être utilisé ?

En parlant de l'assainissement du sol, nous avons vu les principaux rôles de l'eau sur les plantes, le moment est venu de les compléter :

« L'eau est très-utile aux plantes, elle entre nonseulement dans leur composition (75 pour cent de leur poids), mais elle contient toujours en dissolution des matières qui leur servent d'engrais.

« L'eau stimule la végétation, dilate les pores de la plante et la met à même d'absorber une plus grande quantité d'air.

« L'eau procure le degré d'humidité nécessaire sans lequel les engrais ne se décomposent pas ; en outre elle les divise et leur donne la faculté de pénétrer et d'arriver jusques aux racines des plantes.

« L'eau conserve enfin et protége les plantes contre la chaleur et le froid (Barral). »

En présence de ces avantages que l'on ne saurait contester, formons des vœux pour que toutes nos cultures soient soumises à l'irrigation.

S'il s'agit d'arroser une prairie, écoutons les conseils donnés à ce sujet par un homme spécial sur la matière et que nous avons déjà cité :« On aura le soin, dit-il, de faire arriver l'eau lentement, d'éviter la stagnation, de l'étendre en couches minces, afin qu'elle dépose tout ce qu'elle charrie (1). »

A cet effet, au moyen d'un canal, on prendra l'eau d'un ruisseau, d'une rivière, d'une source (2), d'un réservoir, et on la dirigera vers la prairie, en la traversant d'une extrémité à l'autre. Puis, de ce canal principal partiront des rigoles secondaires en tous sens, celles-ci encore donneront naissance à des rigoles de troisième ordre, exactement comme les rameaux d'une branche, et enfin on établira, à la suite de ces ramifications, des petites rigoles d'écou-

(1) Nous évitons à dessein de parler de deux modes d'irrigation connus : l'un, sous le nom d'irrigation par infiltration; l'autre, appelé irrigation par immersion. Le premier mode consiste à faire humecter d'un liquide quelconque, de proche en proche, les racines des plantes à l'aide de tuyaux souterrains; le second, par immersion, n'est autre qu'un colmatage, ou le dépôt du limon d'une rivière, d'un ruisseau sur un champ ou une prairie. Un débordement n'est autre qu'une irrigation par immersion.

(2) S'il est nécessaire, on mettra à profit les bénéfices de la loi du 29 avril 1845 sur les irrigations.

lement et de desséchement, ces dernières destinées à porter, hors de la prairie, l'eau surabondante.

Tous les canaux secondaires doivent être très-étroits, avec peu de pente pour rester constamment pleins; ils devront déverser l'eau uniformément et diminuer de profondeur à mesure qu'ils arrivent à leur fin.

Cependant, à leur origine, ces canaux secondaires doivent être plus étroits, mais aussi profonds que le canal principal, et les tertiaires plus profonds que les seconds, afin que toute l'épaisseur de l'eau courante se divise à chaque embranchement, car si les branches et les rameaux, à leur naissance, se trouvaient inégalement profonds, et plus près de la surface que la rigole mère, les sucs fertilisants, toujours plus abondants au fond du courant, seraient entraînés et réunis à l'extrémité de cette rigole principale.

Lorsque la prairie est disposée en planches bombées, ainsi que cela a lieu communément, on établira un canal unique sur la partie la plus élevée du sol et en travers des planches. De ce conduit, et sur la crète de chaque planche, partiront de petites rigoles auxquelles on donnera la pente suffisante, de manière que ces petits canaux soient toujours placés pour déverser uniformément l'eau.

Tel est le mode d'irrigation en plaine.

Sur les coteaux, on aura le soin de tirer de petites rigoles verticales du canal principal, et d'autres horizontales sur les premières, de manière à figurer un T ; en outre, on changera chaque année les rigoles de place, afin qu'elles ne soient pas creusées trop profondément par le passage continuel de l'eau.

On peut arroser toute l'année en observant certaines règles.

Lorsque les gelées blanches ne sont plus à craindre, on donne une irrigation qui peut se prolonger 8 à 10 jours, surtout si le temps est doux ; on suspendra, et lorsque la prairie sera arrivée à un état d'assèchement complet, on donnera de nouveau l'eau en diminuant sa durée et son séjour à mesure que la saison s'avance, pour la laisser exister entièrement presque jusqu'au moment de la récolte.

Après la récolte, et lorsque les plaies causées par la faulx ou la faucheuse sont cicatrisées, si on veut faire pacager la prairie, pratique, dans ce cas, très-vicieuse, parce que l'humidité fait éclore une foule de maladies chez les animaux, on arrosera pendant deux ou trois jours. Dans le cas contraire, on prolongera l'arrosement pendant trois semaines au moins, en laissant un intervalle suffisant pour laisser le pré s'égoutter : cette dernière condition est nécessaire dans toute nature de terrain et en toute saison. La tombée du jour est le moment le plus favorable pour l'arrosage.

Quand arrive l'hiver, l'irrigation doit être rigoureusement suspendue, à moins que les eaux ne soient chargées de *limon*, ou bien que le pré soit à *sous-sol perméable*, et *fumé abondamment*. Dans ces circonstances seules on peut répandre l'eau en nappe, submerger même l'herbe. Arrosé ainsi, le pré reste toujours vert sous la glace, et continue à croître.

Nous avons dit que l'irrigation était favorable à un pré à sous-sol perméable et fumé abondamment ; ajoutons et insistons sur ce point que l'irrigation serait plutôt nuisible qu'utile dans *tous les terrains,* si on ne répandait le fumier largement, à profusion même.

§ V. *Quelles sont les eaux propres à l'irrigation.* — Toutes les eaux ne sont pas également bonnes pour l'irrigation.

L'eau de puits, sans compter les frais de construction d'un réservoir, ne possède des qualités utiles aux végétaux que lorsqu'elle a parcouru une certaine surface du sol, qu'elle a entraîné dans son passage des matières terreuses, des débris de végétaux ou des substances animales. Les eaux de source laissent beaucoup à désirer, elles sont généralement trop froides pour la végétation.

On doit aussi rejeter les eaux qui, dans une rigole d'écoulement, donnent naissance à des plantes aigres, ou qui forment un dépôt jaunâtre à surface brillante, comme si on avait versé de l'huile ; on utilisera tout au plus celles où dans la rigole croît le cresson, par exemple, ou bien cette plante verte filamenteuse ressemblant à de la soie.

C'est donc l'eau d'une rivière, d'un ruisseau, de notre canal latéral aussi que nous prendrons pour l'irrigation.

Ces eaux, pendant leur marche continue, gagnent

beaucoup en qualité sous l'influence de l'air (1) ; en outre, à certaines époques de l'année, ces eaux transportent une vase très-divisée, éminemment fertilisante pour la prairie.

Les effets de l'irrigation varient selon les diverses natures de terrain : ainsi l'eau produit de bons résultats dans les sols calcaires, sablonneux, secs, arides, dans les sols glaiseux, ceux qui sont formés moitié de sable et d'argile ; ses effets sont moindres lorsqu'on emploie sur ces terrains l'eau de source ; nous en connaissons le motif.

§ VI. *Amendements des prairies.* — Bien que les effets de l'irrigation soient bien démontrés, nous avons fait observer déjà que l'irrigation serait plutôt nuisible qu'utile si, à l'aide des amendements, des fumiers surtout, nous ne pouvions remplacer, à mesure qu'ils sont consommés, les principes nécessaires à l'entretien des plantes.

Parmi les amendements les plus propres à fertiliser les prairies irriguées et celles qui ne le sont pas, nous avons la chaux, le plâtre, les cendres lessivées ou non, les suies végétales, le noir animal, les plâtres ou débris de démolitions, la marne, substances très-utiles, mais qui ne sauraient jamais nous dispenser de l'usage du fumier.

---

(1) La culture maraîchère emploie avantageusement l'eau de puits, mais il faut tenir compte du mode d'arrosage usité par le jardinier : avec une petite coppe il jette l'eau en nappe, sous forme de pluie, par ce moyen il l'aère pour ainsi dire.

a. La chaux blanche pure (par ce mot nous entendons seulement celle qui est exempte de magnésie), fusée, sera répandue à la volée au commencement du printemps, à raison de cinq hectolitres à l'hectare. Elle jouit de la propriété de dissoudre tous les matériaux, tous les résidus existant sur la prairie, de faciliter leur absorption aux plantes, et de rendre les herbes moins aqueuses, plus savoureuses. La chaux a encore pour effet de détruire les mousses, les plantes aigres, et d'exciter la croissance des bonnes plantes. Nous ne parlons pas de la chaux hydraulique, elle contient trop d'argile, 60 pour cent environ.

b. Le plàtre, cuit ou non, réduit en poudre, jeté à la volée, à la dose d'un myriagramme par hectare lorsque la plante couvre le sol après une légère pluie, et au commencement du printemps, ne fait sentir son action que sur un ordre de plantes, les légumineuses ; aussi conseillons-nous peu son application aux prairies, excepté qu'il ne fut mélangé à l'urine ; dans cet état, ses effets sont très-avantageux.

c. Les cendres de bois, lessivées surtout, sont un amendement précieux pour cette culture. Les cendres détruisent les joncs, les mousses, toutes les plantes aigres et ligneuses des prés marécageux, et favorisent la croissance du trèfle et de toutes les légumineuses en général.

d. La suie agit comme l'amendement précédent, les cendres de bois.

e. Le noir animal, les plâtras ou débris de démolitions, sont des agents très-efficaces de fertilisation pour les prairies humides sans être marécageuses.

f. La marne. Nous emploierons peu cette matière sur les prairies. Les frais de transport et ses effets médiocres sous un grand volume font que nous la remplacerons par des substances moins coûteuses et plus utiles.

§ VII. *Fumure des prairies ; préparation des composts à cet usage.* — Les amendements exercent sans contredit une action bienfaisante sur les prairies, mais, nous ne saurions assez le répéter, les engrais sont, avant tout, les premiers agents fertilisants.

Tous les prés ont besoin d'être fumés et tous les fumiers ne sont pas également favorables à cette culture.

Nous donnerons la préférence aux fumiers consommés, aux composts, aux engrais liquides, aux engrais pulvérulents.

a. La plante de la prairie s'accommode et végète d'autant mieux qu'elle trouve à sa portée des matières organiques qui ont subi déjà une plus complète destruction. C'est pourquoi à la fin de l'hiver, et nous insistons sur cette époque, on répandra un fumier bien consommé, c'est-à-dire qui sera passé à l'état de masse bien noire, homogène, et d'un toucher gras. Pour obtenir ce genre de fumier, on fera bien de le préparer en juin et juillet, et de le soumettre à plusieurs arrosages.

b. Le fumier de nos *bordes* est l'engrais le plus énergique, celui dont la prairie se trouve le mieux, mais son emploi devant être plus spécialement réservé aux terres arables, cet engrais ayant, d'ailleurs, l'inconvénient d'être d'un prix très-élevé, nous chercherons dans une autre sorte d'engrais le moyen de le remplacer. Pour atteindre ce but, nous ferons un mélange de diverses matières organiques que nous soumettrons à une fermentation, et de cette manière nous obtiendrons un engrais réunissant presque les conditions de fumier d'étable, et d'un prix de revient tel, que le coût égalera à peine le prix des mains-d'œuvre.

Il n'est pas d'exploitation agricole, si modeste qu'elle soit, qui ne possède autour de l'habitation une mare, un fossé servant ordinairement de réceptacle à une eau noire, salie tantôt par des matières animales, quelquefois par les eaux de nos cuisines, de nos cours, souvent aussi par des urines qui s'écoulent des divers logements de nos animaux.

On trouve en outre, et on a tout intérêt à se débarrasser de ces mauvaises herbes qui encombrent l'avenue de la maison, de ces gazons qui salissent les jardins ou qui se trouvent sur les bords des fossés. Ces gazons, ces mauvaises herbes, placés par couches successives, en tas de deux mètres de hauteur sur un mètre 20 d'épaisseur, et arrosés souvent avec les eaux sédimenteuses dont nous avons parlé, se décomposent bientôt et forment un engrais désigné sous le nom de *compost*, qui est très-riche et très-fécondant pour la prairie. Inutile d'ajouter que l'on augmente la puissance fertilisante de cet engrais, en introduisant dans ce mélange soit de la chaux, soit des cendres, de la suie, ou mieux encore de la fiente de pigeon, de poule, de dindon, etc.

On pourra encore fabriquer un autre mode de compost aussi riche en enlevant le sol des étables à bœufs, sur une profondeur de 15 à 20 centimètres. Ces terres, mêlées à des gazons pendant deux ou trois mois, et brassées deux ou trois fois dans l'intervalle, forment un engrais très-puissant pour les prairies. Nous en dirons autant d'un mélange de terre, préalablement calcinée dans le four et réduite en poudre, avec une certaine quantité de matières fécales ; l'énergie de cet engrais peut être placé en première ligne.

Le compost de balles de blé et de fumier d'étable est aussi utilement employé pour former les prés, mais le mode de battre le blé à la vapeur nous permet de réserver une très-grande partie de ces détritus pour la nourriture des animaux.

c. La plante absorbe d'autant plus les principes nutritifs utiles à son existence qu'ils sont plus solubles. Or, tous les purins, toutes les urines, les matières fécales, la colombine, la fiente de tous nos oiseaux de basse-cour, le guano du Pérou, toutes ces matières délayées dans l'eau, sont des engrais excessivement puissants pour la prairie et pour faire pousser l'herbe (1).

Contrairement à l'emploi du fumier, nous répan-

(1) On admet qu'un engrais liquide nuit à la plante destinée à produire un grain, à celle aussi qui doit porter un épi.

drons ces mélanges au commencement du printemps, en mars seulement, après avoir pris la précaution de laisser fermenter ces matières avant l'épandage. Le guano seul, dissous dans l'eau, pourra être répandu immédiatement et presque au moment de la pousse de l'herbe, aussitôt qu'on n'aura plus à craindre les gelées blanches.

Le meilleur mode d'épandage de ces liquides a lieu avec un tonneau placé sur une charrette et muni, à l'extrémité postérieure, d'une caisse horizontale percée d'un grand nombre de petits trous.

L'éloignement de la prairie, les frais de transport, la difficulté, souvent, de préparer ou de se procurer les engrais dont nous venons de parler, nécessitent l'emploi d'une autre classe de matières, appelées engrais pulvérulents : tels sont le guano du Pérou, le tourteau de graine de lin ou de colza pulvérisés, la poudrette, et enfin le sang des animaux, desséché et réduit en poudre.

1. Le guano, mêlé à parties égales de limon, de cendres vives, jeté au commencement du printemps, fin mars, à la dose de 200 kilog. par hectare, est le meilleur engrais pour la prairie.

2. Le tourteau de graine de lin, de chou-rave ou colza, réduit en poudre deux ou trois jours seulement avant l'épandage, répandu comme le guano au printemps, à la dose de 300 kilog. par hectare, ne laisse rien à désirer par ses propriétés fertilisantes.

3. La poudrette, employée à la dose de 20 hectolitres à l'hectare, doit à son tour occuper une bonne

place parmi ces sortes d'engrais. Différant de la matière d'où elle provient, cet engrais inodore ne donne pas, ou presque pas, de mauvais goût aux plantes ; il n'en est pas de même lorsqu'on fait usage du produit des fosses d'aisance aussitôt après leur extraction.

4. Le sang des animaux desséché, pulvérisé, employé seul ou mêlé avec la terre calcinée, est le plus puissant engrais que nous connaissions. Espérons qu'à l'avenir, plus soucieux de nos intérêts, nous recueillerons dans les abattoirs ce précieux produit mieux que nous l'avons fait jusqu'à ce jour.

§ VIII. *Drainage des prairies.* — Là ne se bornent pas les soins que nous devons apporter à nos prairies, nous devons veiller attentivement à leur assainissement, à la destruction des mauvaises plantes, des animaux même qui nuisent à ce genre de culture.

a. Plus que toute autre culture, la prairie craint l'humidité. Nous ne conseillons pas le drainage par tranchées couvertes, encore moins lorsque la prairie est destinée à être irriguee. Dans ce dernier cas, cette opération aurait pour inconvénient de faciliter l'infiltration immédiate de l'eau dans le sol pour s'écouler dans les drains (1).

Le seul moyen rationel de donner un libre cours à

(1) M. Petersen semble avoir trouvé le moyen de remédier à cet inconvénient à l'aide d'un appareil de caisses et de bondons mobiles (*Journal d'agriculture pratique,* 1862).

Voir aussi le *Traité de drainage et d'irrigation,* t. IV (Barral).

l'eau dans une prairie irriguée ou non, consiste, jusqu'à présent du moins, à creuser des canaux, des fossés, des rigoles d'écoulement, à ciel ouvert.

Nous détournerons avec soin de la prairie les eaux de pluie. Fertilisantes, à la vérité, dans certaines circonstances, ici elles sont nuisibles par la quantité de sable, de gravier qu'elles charrient presque toujours.

b. Si la prairie est convenablement assainie, nous aurons peu à craindre de l'invasion des plantes parasites ; mais, si elles tendent à persister, nous connaissons les divers amendements qu'il convient d'employer pour détruire les mousses, les carex, les joncs, les souchets. Quant aux carottes sauvages, au cereuil, au chardon, à l'oseille, au colchique, qui infestent nos prairies, nous couperons ces plantes au collet avant la maturité des graines ; mais le colchique doit être arraché.

c. Les taupes, pour se nourrir, détruisent un grand nombre de vers de terre, ceux-ci assez nuisibles ; de plus, la taupe pousse à la surface une certaine quantité de terre, fertilisante à la vérité pour les plantes, mais l'air, l'eau, qui pénètrent dans ces galeries causent un préjudice notable aux végétaux. En outre, ces monticules de terre couvrent et étouffent une grande quantité d'herbe ; en même temps, ils contrarient le faucheur.

Le mal occasionné par la taupe étant, à l'entrée du printemps surtout, bien supérieur au bien qu'elle procure, nous n'hésiterons pas à la poursuivre et à la détruire au moyen de traquenards.

Nous avons aussi à défendre la prairie contre les dégâts occasionnés par les souris, les campanols, les fourmis et les vers ou lombrics. On détruit les souris et les campanols en introduisant un peu d'*huile de cadde* dans leurs galeries ; les fourmis, en dirigeant un filet d'eau dans leurs habitations, et les vers avec un arrosage d'urine et de suie.

Disons que, dans les prés arrosés, ces ennemis n'existent pas.

§ IX. *Récolte des prairies. — Instruments employés à cette récolte.* — La qualité du foin doit nous préoccuper beaucoup.

Le foin fauché prématurément est difficile à faner ; il est tendre, très-aqueux, peu substantiel. Fauché trop tard, il est dur, ligneux, d'une digestion difficile, et, par conséquent, peu nutritif. C'est au moment de la floraison qu'il faut couper le foin ; à cette époque, la plante termine sa croissance, et on ne doit pas perdre de vue que c'est la fleur qui contient la plus grande quantité de principes nourrissants.

Ce moment de la floraison est, sans doute, difficile à saisir, parce que la prairie, composée ordinairement de deux espèces de plantes, les graminées et les légumineuses, n'entre pas également en fleur ; mais nous atteindrons presque le but en fauchant au moment où les panicules des premières sont en fleur, et lorsque les secondes sont montées et commencent à s'épanouir.

En raison de ces données, l'usage de la faucheuse nous paraît d'une indispensable nécessité. On a aujourd'hui si bien perfectionné cet outil, que nous sommes sûrs d'opérer sur tous les sols, quelle que soit leur inclinaison, et de couper la plante assez ras de terre sans blesser le collet.

Toutefois, une circonstance, nous le disons à regret, peut s'opposer encore à l'emploi de cet instrument : la faucheuse n'est pas accessible à toutes les bourses ; dès lors, on sera bien forcé de prendre la grande faulx.

Dans ce cas, nous demanderons de faire usage d'une faulx plutôt courte que longue, et de faire des andains très-étroits. Ajoutons que le fauchage fait avec la faulx ou la faucheuse sera d'autant plus favorable à la prairie qu'il sera bien fait, bien uni.

On fauchera le regain aussitôt que l'extrémité de la fleur terminale commencera à se flétrir légèrement. Ce fourrage est plus nutritif que le foin.

La fenaison, à son tour, influe beaucoup sur la qualité du foin. Pendant le cours de cette opération, on s'efforcera de conserver à la plante son arome, sa couleur et toutes les parties alibiles, les fleurs, les feuilles ; c'est-à-dire que le foin devra être brassé à la fourche avec les plus grands ménagements.

Si le temps amène la pluie, et si elle continue, on mettra en pratique la méthode Klapmeyer, que nous avons déjà indiquée pour les fourrages artificiels.

En conseillant de conserver à la tige, dans la mesure du possible, les feuilles et les fleurs, pendant la fenaison, l'usage de la faneuse est donc plutôt nuisible qu'utile. Composées de deux cylindres garnis de petits râteaux que l'on fait tourner tantôt dans un sens, tantôt dans un autre, ces machines, traînées par un cheval, ont l'inconvénient de jeter au loin le fourrage, de l'éparpiller en tous sens, de le briser au point de faire disparaître entièrement les parties essentielles à la nourriture de l'animal.

Nous ne pouvons en dire autant des râteaux. Bien que son prix soit très-élevé, le râteau à cheval doit faire partie de notre outillage agricole.

§ X. *Rentrée et conservation des foins.* — Un foin trop sec est friable et perd beaucoup en grenier; si, au contraire, la dessiccation est incomplète, il noircit et s'échauffe.

Le foin se conserve dans de bonnes conditions en le tassant fortement en grenier, afin qu'il sue, et, à ce moment aussi, on fera une légère aspersion d'eau salée.

L'usage de le stratifier, au moment de la rentrée, avec du trèfle, de la luzerne, est d'une bonne pratique; ce mélange est très-favorable à la santé des animaux.

Le foin, placé dehors, disposé en meules, ayant une hauteur de 4 à 5 mètres, s'arrangeant de manière que la masse figure une poire, qu'elle soit isolée du sol au moyen de fagots de bois, de broussailles, et recouverte d'un chapeau de paille, conserve et acquiert de bonnes qualités. Dans cet état, le mètre cube ne représente que 60 kilogrammes, tandis que, placé en grenier, le mètre cube égale 70 kilogrammes.

On agira très-bien lorsque, prenant le foin en gre-

nier ou en meule, on le coupera par tranches à l'aide
d'une faulx à manche droit, et non en faisant usage
d'un crochet, ainsi que cela se pratique généralement.

CHAPITRE IX

Il serait superflu de démontrer les résultats que peut donner la culture de la vigne dans nos départements méridionaux, dans le Tarn-et-Garonne surtout, où cet arbuste figure au premier rang par l'extension qu'il prend et par la valeur de ses produits (1).

Nous ne devons donc pas livrer au hasard le choix des terrains destinés à cette culture; nous devons apprécier mieux que nous l'avons fait jusqu'à ce jour la qualité de nos cépages, surveiller plus attentivement la plantation, la taille, et apporter plus de soins à la vinification, ainsi qu'à la conservation de ce produit (2).

---

(1) Sur un territoire de 372,000 hectares, la vigne occupe presque 40,000 hectares de superficie dans le Tarn-et-Garonne.

(2) Citons l'impulsion donnée à cette industrie par la Société viticole de Tarn-et-Garonne. Son champ d'expériences, placé aux portes de Montau-

§ Ier. *Choix du terrain où la vigne doit être plantée.* — Sous notre ciel, à part les sols trop argileux ou trop gras, la vigne croît et vit partout; cependant, les terrains siliceux sur lesquels domine le gravier ou des fragments de roches sont préférables à son assiette. Ces mêmes sols augmentent, d'ailleurs, la qualité des vins lorsqu'ils contiennent du fer, de la chaux ou de la marne.

C'est ainsi que sur les sols éminemment argilo-siliceux des grandes plaines élevées d'Orgueil, Labastide, Campsas, Fabas, Montbeton, Lavilledieu, Lacourt-Saint-Pierre, Castelsarrasin; sur les sols glaiseux, marneux, argileux mêlés souvent à du gravier, tels qu'on les trouve sur les coteaux de Moissac, aux environs de Montauban (à Beau-Soleil, Léojac, Saint-Martial, le Fau), et aussi sur les plateaux à terre rouge qui longent le Lot (à Bourg-de-Visa, Montaigu), la vigne prospère bien et donne d'excellents produits.

Pour l'établissement d'une vigne, nous donnerons la préférence au coteau, à celui surtout qui sera exposé au Sud, à l'Est ou au Sud-Est; ces sols ont la faculté de mettre la vigne à l'abri des grands vents, de la gelée. Néanmoins, on aurait tort de dédaigner les sols inclinant à l'Ouest, au Nord, au Nord-Ouest,

ban, offre à chacun un vaste sujet d'études pratiques. Poursuivant, en outre, son œuvre de propagande, cette association vient de couronner un excellent Mémoire sur l'art de faire le vin, dû à la plume exercée de M. Bessières, de Saint-Nicolas-de-la-Grave; et aujourd'hui elle se propose de mettre au concours cette question : Appropriation du cépage au sol.

ainsi que les plaines, pourvu que tous ces terrains soient découverts (1).

Dans la plaine, les travaux sont plus faciles, les produits plus abondants ; il n'en est pas tout à fait de même dans le coteau : le rendement est moindre, la qualité supérieure.

Dans notre Département, quelque orientation que l'on donne à la vigne, dans quelle direction que l'on place les rayons, les fruits mûrissent toujours ; seulement, on placera les lignes des ceps, autant que cela se pourra, de telle manière que les rayons du soleil frappent directement sur les raisins.

§ II. *Travaux préparatoires à la plantation de la vigne.* — Les travaux exigés pour la plantation de la vigne, tels que préparation du terrain, du plant et du mode de plantation, doivent fixer toute notre attention.

a. Que le terrain soit en plaine ou en pente, il sera assaini à la surface et à l'intérieur. Nous approuvons les allées du centre et du pourtour de la vigne établies en contre-bas du sol ; elles ont pour usage d'assécher très-bien le terrain et de faciliter l'exploitation.

Le sol sera défoncé à 50 ou 60 centimètres à bras d'homme (2), les francs-bords principalement, parce qu'ils facilitent l'écoulement des eaux. La charrue, même la charrue Dombasle, suivie d'une fouilleuse,

____

(1) *Apertos Bacchus amat colles.*

(2) Bien que M. Marty-Hortola attribue le dépérissement complet de deux vignes dans un très-court espace de temps, par ce motif, semblait-il, que le sol avait été défoncé.

ne peut remplacer la bêche à trois dents : d'abord,
parce que la charrue ne peut fonctionner dans tous
les terrains, dans ceux surtout où l'on trouve du gravier, du roc ou un sous-sol très-résistant ; et ensuite
parce que cet instrument ne mêle jamais assez bien la
couche inférieure de la terre avec la couche supérieure.

Ainsi qu'on le pratique souvent, nous ne planterons
jamais au pal, à la barre, ni au pied de biche ; nous
ne creuserons jamais des venelles ou fossés pour
planter la vigne. Aurait-on l'intention, plus tard, après
la repousse, de défoncer les intervalles, c'est une économie mal entendue.

b. Pour planter la vigne, on a à sa disposition
deux sujets : la bouture d'abord, et le plant enraciné
ensuite, mais celui-là seul qui provient d'une pépinière (1) ; car le pisse-vin *(barbat),* ce sarment gourmand issu d'un cep, et qui, recouvert de terre en
partie, a produit déjà des raisins, possède des qualités
bien contestables pour la plantation (2).

(1) On forme une pépinière en plantant au pied de biche, dans un sol
bien défoncé, des sarments de choix, debout à 25 centimètres de profondeur
et à 10 à 12 centimètres de distance ; observons que le terrain sera très-
meuble et bien engraissé.

(2) N'employons jamais non plus ce plant originaire d'une graine de
raisin. Ce procédé, qui consiste à semer des grains de raisin, est plus particulièrement réservé à la recherche d'espèces nouvelles.

Nous laisserons aussi au temps et à l'expérience le soin de sanctionner ce
fait, qui donnerait l'avantage d'obtenir dans l'année des plants très-
beaux et très-vigoureux provenant d'un semis de bourgeons d'un sarment.

Si on emploie la bouture, on aura soin de laisser exister la crossette (1). Ce talon, nous dit un viticulteur fort recommandable, pourvu de *rides* et de *crevasses*, offre plus de chances pour l'émission des racines; c'est là que se trouve cette foule de points radiculaires à l'état d'embryon connus sous le nom de *mésophyte artificiel* ou *nœud vital* de Lamarck (2).

La bouture destinée à être plantée sera entièrement recouverte de terre aussitôt qu'elle sera détachée du pied mère; mais, au préalable, on aura soin de dépouiller légèrement de son épiderme l'entre-nœud le plus bas. Quant au plant barbu, on le plantera immédiatement après l'arrachage, en prenant la précaution de rafraîchir ses racines.

c. Fin avril ou au commencement de mai, on s'occupera de la plantation, en procédant de la manière suivante :

Si on plante la vigne dans un terrain à surface plane

---

(1) Appelée ainsi lorsque le sarment porte une partie des vieux bois; mais, si le sarment est coupé à une certaine distance de la base d'un nœud, on le désigne sous le nom de *chapon*.

(2) Guyot dit : « Les bourgeons sont plus nourris à mesure qu'ils se rapprochent de l'*extrémité du sarment ;* on doit donc de préférence planter *cette partie,* à la condition expresse de mettre cette bouture sur un nœud final, par ce motif que du nœud, comme de la crossette, partent les racines mères, bien que souvent aussi elles poussent de l'entre-nœud. »

Nous professons la plus haute estime pour cet éminent viticulteur; mais l'expérience semble démontrer, aujourd'hui, que la plantation d'un sarment muni de sa *crossette* prime tout autre procédé.

ou à peu près ; si le champ est accessible à la charrue, et que l'on se propose de cultiver à l'aide des bœufs (1), après avoir arrêté la direction qu'il convient de donner aux rayons et leur distance, on place un cordeau, et on trace des lignes avec la sarclette, chacune à 2 mètres de distance. Puis, avec la charrue ordinaire, on creuse successivement deux sillons dans chaque ligne ; on obtient ainsi aisément une venelle de 28 à 30 centimètres de profondeur (2). Là, après avoir débarrassé légèrement le fond de cette rigole de l'excès de terre qu'elle contient, un ouvrier, muni d'une jauge d'un mètre de longueur, établit dans cette raie, à l'aide de la houe, de petits monticules destinés à servir de points d'appui au plant. On jette ensuite dans l'intervalle de ces monticules un engrais (un compost, des

(1) Lorsque le cheval sera plus utilement employé dans nos exploitations rurales, nous planterons la vigne en quinconce, seule disposition du plant pour faciliter le travail en tous sens, à l'aide d'un seul animal.

(2) Chaque plante a sa profondeur voulue pour le développement de ses racines ; ainsi, une fève, un haricot, ne germent qu'à la profondeur qui leur est propre. Le jeune chêne, bien qu'il ait de fortes racines, périt bientôt s'i est trop enterré.

La vigne, en raison de sa vitalité, de son énergie, se trouve bien à 25 ou 30 centimètres de profondeur tout au plus.

Que l'on arrache un pied de vigne planté à 60 centimètres depuis six ans, et on verra que les racines principales partent toutes du même point, à 25 ou 30 centimètres en terre, tandis que les autres, peu développées, tendent à périr, après avoir végété et absorbé inutilement la nourriture des premières.

Plus on plante profond, plus on attend la récolte.

.erreaux, du fumier, si l'on veut) ; on place contre ce monticule la bouture, que l'on courbe légèrement à sa base, ou le barbu, dont on étale soigneusement les racines; et, en les couvrant de terre, on aura la précaution de la tasser, de la piétiner fortement.

Dans les coteaux, dans les lieux où la charrue ne pourrait fonctionner que difficilement, soit pour la plantation, soit pour la culture, on trace des lignes au cordeau dans deux directions différentes, de manière à former des carrés d'un mètre de côté (1).

Au point d'intersection de chaque ligne, on creuse, avec la petite bêche (la *trinque*), un trou ou augeot de 28 à 30 centimètres de profondeur, dans lequel on dépose un peu d'engrais et puis le plant ou le barbu, en faisant subir à l'un ou l'autre les mêmes opérations que nous avons indiquées précédemment pour le mode de plantation et de tassement de la terre. Inutile de dire que, si on plante un plant enraciné, l'augeot sera assez grand pour mettre le chevelu à l'aise (2).

Afin de régler les profondeurs de ce trou, on se servira d'une jeauge en chêne longue de 28 centimètres, pointue d'un bout, que l'on enfonce d'un seul coup dans la terre, avec le dos de la bêche. La base

(1) Ici on pourrait faire usage du rayonneur.

(2) Si le temps est sec, on plantera l'enraciné avant le gros de l'hiver, en novembre, et non au printemps, en mai, comme nous l'avons recommandé pour la bouture. On n'a pas oublié que nous exigeons une récolte avant la plantation; à cette époque donc, le terrain est libre.

de la jauge dans le sol donne la profondeur de l'augeot.

Si nous conseillons de courber la bouture dans le fond de l'augeot, c'est afin de favoriser la reprise.

Dans les sols sablonneux, dans les pentes raides, escarpées, on pourra se permettre de planter à 38 ou 40 centimètres de profondeur.

Terminons par dire que le plant sera rapproché de 80 centimètres dans les sols maigres, et de 1 mètre 20 dans les terrains riches ;

Que les barbus, comme les boutures, seront ravalés après avoir été plantés, en pratiquant l'excision au milieu du nœud, au-dessus des deux bourgeons ;

Qu'il faut enfin sarcler souvent le terrain nouvellement planté, mais s'abstenir de tous labours pendant les fortes chaleurs ; après la pluie même on attendra que le sol soit ressuyé.

§ III. *Choix des cépages.* — La connaissance des cépages n'est pas indifférente ; de ce soin dépend l'infériorité ou la supériorité des produits.

Personne n'ignore que notre sol est très-favorable à la culture de la vigne, mais cet arbuste prospérera d'autant mieux que nous saurons donner la préférence à tels cépages, les associer entr'eux, les approprier à telle nature de terrain, et agir de telle manière que les raisins mûrissent en même temps. Cette dernière condition doit être observée rigoureusement.

Nous possédons trois classes distinctes de cépages : les rouges ou noirs, les gris de couleur interméliaire, et les blancs, chacun de ces groupes pouvant se diviser aussi en grains ronds ou ovales.

Parmi les cépages auxquels nous donnerons la préférence, nous choisirons dans nos indigènes rouges, noirs et gris :

Le *bordelais*, le *chalosse noir*, le *perpignan*, le *cotti-court*, le *bouchalès*, le *bouillen noir*, l'*agudet noir*, le *milgranet* (1).

---

(1) Le *bordelais*, mérille, gros-grain, Picard. — Ce cépage produit beaucoup, mais irrégulièrement, donne un jus peu coloré, est sujet à la coulure, se trouve bien dans les terrains fertiles principalement.

Le *chalosse noir*, izarnenc. — Aime les bas fonds, les bonnes boulbènes. Ce plant est prisé par la quantité et la qualité de ses produits.

Le *perpignan noir*, double noir, mourastel, plant-fort, balzar. — Vient dans tous les sols, les terres-forts, les boulbènes, les terrains sablonneux. Il exige une taille moyenne, ni trop longue, ni trop courte ; peu sujet à la coulure, il ne craint ni la gelée, ni la maladie, ni la sécheresse ; ses produits sont abondants et généreux.

Le *cotti-court*, queue-court. —Se trouve bien dans tous les sols, craint l'oïdium, la sécheresse. Produit beaucoup, et son vin est de bonne qualité.

Le *bouchalès*, maroquin, prunela. — Se comporte bien dans tous les terrains, les graveleux surtout ; ne craint ni la sécheresse, ni l'oïdium, ne pourrit pas. Ses produits sont abondants, la qualité légèrement médiocre.

Le *bouillen noir*. — Vit et prospère bien dans tous les sols, élevés surtout, coule facilement, donne beaucoup, mais il est accusé de faire le vin doux.

L'*agudet noir*. — Ses produits sont très-abondants et de bonne qualité. Craint l'oïdium. Trop hâtif, il est dévoré par les guêpes.

Le *milgranet*. — Vient dans les terres fortes, argileuses, sablonneuses. Peu sujet à la coulure, ne craint ni la gelée, ni l'oïdium, ni la sécheresse. Produits abondants et de bonne qualité.

Le *côte rouge* ou *verte*, le *malvoisie noir*, le *mozac noir*, le *millau noir*, l'*onden noir*, l'*aspiran noir*, le *louval noir* (1).

L'*aramon noir*, le *négret*, l'*espar*, le *valdiguier*, la *carignane*, tous réputés bons, et puis le *teinturier*, le *fer noir*, qui sont d'une médiocre fertilité (2).

(1) Le *côte rouge* ou *verte*, l'auxerrois. — Se préfère dans les terrains graveleux ou marneux ; peu sujet à l'oïdium, ne donne pas des fruits en abondance, mais de bonne qualité.

Le *malvoisie noir*, olivelle rose. — Réussit très-bien dans nos terrains, et sous notre ciel. Résiste à l'oïdium, à la coulure, donne de gros raisins, mais de qualité un peu médiocre.

Le *mozac noir, blanc et rose*. — Peu de cépages sont répandus dans nos vignobles comme les mozacs ; aussi leur rusticité, leur qualité, leur donne ce droit. Ces plants s'accommodent de tous les sols, de toutes les exposi- tions, et donnent d'excellents produits. Ne pourrit jamais ; on les taillera court. C'est le mozac rouge qui sert à fabriquer la blanquette de Limoux.

Le *millau noir*, œillade, prunella, morterille. — Ce cépage donne un vin fin et coloré, mais il produit irrégulièrement. Le millau exige une taille longue, est sujet à l'oïdium, à la coulure, s'accommode de tous les terrains, mais plutôt secs qu'humides.

L'*onden noir*, plant des dames. — Prospère également dans les boul- bènes blanches et fortes, dans tous les terrains médiocres ; il est tellement productif que l'on trouve souvent des verjus sur ses ceps.

L'*aspirant noir*, ryveirenc. — Ce plant ne dédaigne pas les rougets ; il coule facilement, produit beaucoup, mais de qualité médiocre.

Le *louval noir*. — On le trouve dans les bonnes terres, dans les boul- bènes et sur les coteaux. Il est peu disposé à la coulure. Ses produits sont abondants et de bonne qualité.

(2) L'*aramon noir*, rabelayre. — Remarquable par l'abondance de ses produits, donne beaucoup de moût très-coloré, manque de parfum. Ce cépage a l'inconvénient d'être très-sujet à la coulure, à la gelée surtout.

Parmi les cépages roses, nous prendrons le *mal-voisie rose*, le *piquepoul gris* ou *rose*, le *mozac rose*, la *clairette rose*, l'*aspirant gris*, le *terret rosé*, le *rougeau*, l'*onden rose*, chacun de ces cépages très-produc-tifs (1).

Le *négret*, mourelet noir, adeline noire. — Ce cépage produit beaucoup et régulièrement, seulement il est le premier atteint par l'oïdium. Trop hâtif, il pourrit facilement. Tous les sols lui conviennent, graveleux, marneux, ferrugineux surtout. Le négret donne de bon vin, un peu trop doux.

L'*espar*, morvéde, mataro. — Ce cépage se trouve bien dans tous les terrains. Il produit abondamment ; sa qualité ne laisse rien à désirer. L'espar pousse très-tard, et par conséquent est peu exposé aux gelées printanières.

Le *Valdiguier*. — Ce cépage se plaît dans les bonnes terres, les coteaux marneux, fertiles ; craint la sécheresse, produit beaucoup, et la qualité est bonne.

La *carignane noire*. — Se trouve bien dans tous les sols, mais, sujet à la coulure, à la maladie, ce cépage produit peu pour donner un jus excellent.

Le *teinturier*. — Cultivé dans tous les terrains, ce cépage produit peu et de qualité médiocre. Son rôle consiste à colorer le vin, tout au plus.

Le *fer noir*, servadou. — Peut être cultivé dans tous les sols, exige une taille longue ; ses produits sont médiocres et d'une qualité pas-sable.

(1) Nous ne reviendrons pas sur la valeur des produits et la nature du terrain qui convient au malvoisie, au mozac rose, à l'aspiran ; ce qui s'applique à ces espèces noires se rapporte à ces variétés roses.

Le *piquepoul rose*. — Les sols argileux ou marneux ne déplaisent pas à ce cépage. Il coule facilement, craint les gelées ; il donne des raisins en quantité, d'une qualité médiocre.

Le *clairette rose*, picardau, blanquette de Limoux, Malvoisie. — Ce

Dans les cépages blancs, nous signalons à l'attention de nos viticulteurs le *mozac blanc*, la *clairette blanche*, le *piquepoul blanc* ou *chalosse blanc*, le *jurançon*, le *Sémillon*, le *muscat de Frontignan*, le *chasselas*, le *sauvignon*, le *louval blanc* (1), tous très-productifs,

cépage coule trop facilement, il doit être taillé long, il est fertile, craint l'humidité, prospère bien dans les coteaux.

Le *terret rosé*. — Aime les terrains secs, craint par conséquent l'humidité. Ses produits sont abondants, la qualité laisse un peu à désirer.

Le *rougeau*. — Peu exigeant pour la nature du terrain, malheureusement trop hâtif, il est attaqué et dévoré par les guêpes. Ses produits sont abondants et donnent du parfum au vin blanc.

L'*onden rosé* ou *cendré*, muscat juanenc. — Se trouve bien dans tous les sols, de boulbène même; il est sujet à la gelée, à la pourriture, à la sécheresse. Ses produits sont riches et abondants.

(1) Nous n'avons rien à ajouter à ce que nous avons dit ailleurs du mozac, du piquepoul, du louval.

La *clairette blanche*, malvoisie, dans le Lot-et-Garonne, produit beaucoup, végète bien dans tous les terrains, à condition qu'elle ne souffrira pas de l'humidité.

Le *jurançon*, plant Quillat. — Ce cépage est très-vigoureux dans nos contrées; il craint la gelée, et sa maturité est trop précoce. Le vin est plat, sans saveur; l'eau-de-vie est bonne.

Le *sémillon*, Saint-Émilion. — Le sémillon s'accommode mal de l'humidité. Il vient bien dans nos terres, donne du bon vin en petite quantité, et pourrit trop facilement.

Le *muscat de Frontignan*. — Croît dans tous les terrains, est sobre de produits, mais ils sont excellents; cultivé pour donner du vin blanc de luxe et comme raisin de table.

Les *chasselas*, blancs, roses, violets, de Montauban, de Fontainebleau, de Hongrie, de Sainte-Hélène, ne sont qu'une même famille; craignent l'oïdium, la gelée; viennent dans tous nos terrains, mais un coteau exposé

et, parmi les médiocres, nous citerons la *folle-blanche,*
le *bouillen blanc* (1).

Tous ces cépages entrent dans la composition du
vin ; un grand nombre, comme le millau, les mozacs,
les clairettes, les muscats, peuvent figurer avec le
plus grand avantage sur nos tables, et s'associer,
par la finesse de leur goût et de leur saveur, avec
tous nos beaux chasselas roses et blancs, de Montauban, de Fontainebleau, de Hongrie, les muscats de
Frontignan, de panse, etc.

Nous avons observé qu'il est de la plus grande
nécessité d'approprier le cépage à la nature du terrain ; cette condition est indispensable à la prospérité
de la vigne et à son rendement (2).

au Midi est préférable pour dorer leurs grains. Cultivé comme raisin de
table.

Le *sauvignon blanc.* — Tout ce que nous avons dit du Saint-Émilion se
rapporte au sauvignon blanc, rouge et noir. Disons que le sauvignon blanc
et rose, avec le Saint-Émilion, donnent un vin blanc excellent.

(1) La *folle blanche,* enrageat. — Résiste difficilement aux gelées, mais
végète très-bien dans tous nos terrains. Ce cépage exige la taille courte,
produit beaucoup, mais donne un jus de qualité inférieure.

Le *bouillen blanc.* — Plus fertile que le bouillen noir ; donne du vin en
abondance, bien parfumé.

(2) Ainsi que nous le dirons plus tard, la culture des cépages étrangers
nous paraît sinon impossible, mais très-téméraire dans le Tarn-et-Garonne ;
aussi, ne sera-t-on pas étonné si nous affectons d'éloigner de nos vignobles
les plants importés : le carbenet, le pinot, la sirha, etc., tous très-productifs
dans leurs terrains, sous leur ciel, mais bien médiocres dans nos sols, avec
notre climat.

Voici les cépages qui semblent s'approprier le mieux aux diverses natures de terrain :

Dans les sols riches fertiles, nous planterons : le *bordelais*, le *chalosse*, le *perpignan*, le *cotti-court*, le *malvoisie noir*, les *mozacs*, le *millau noir*, le *louval blanc et noir*, l'*espar*, le *valdiguier*, le *teinturier*, le *fer*, le *sémillon*, le *sauvignon*, l'*onden*, le *clairette*, le *bouillen noir*, le *négret*.

Dans les boulbènes, nous ajouterons aux précédents : la *carignane noire*, les *piquepouls*, le *rougeau*, l'*aspirant*, le *malvoisie rose*.

Dans les terres graveleuses nous mettrons : le *perpignan*, le *bouchalès*, le *côte rouge et verte*, les *mozacs*, le *millau noir*, le *négret*, l'*espar*, le *fer*, le *terret rosé*, le *roujeau*, l'*aspirant noir*, le *Bordelais*, le *bouillen noir et blanc*, tous les *chasselas*.

Aux sols marneux nous donnerons : le *cotti-court*, le *bouchalès*, le *milgranet*, le *côte rouge*, l'*aspirant gris et blanc*, le *négret*, le *valdiguier*, le *piquepoul*, la *folle-blanche*, le *bouillen blanc*.

Sur les coteaux nous placerons : le *perpignan*, le *bouchalès*, le *milgranet*, l'*agudet*, le *côte rouge et verte*, les *mozacs*, le *millau noir*, l'*aramon noir*, l'*espar*, le *valdiguier*, le *fer*, le *clairette blanc et rouge*, le *terret rosé*, le *jurançon*, le *sémillon*, le *piquepoul*, le *malvoisie rose*, le *muscat de Frontignan*, et tous les *chasselas*.

Et dans les terrains ferrugineux ou sablonneux, nous planterons : le *cotti-court*, le *milgranet*, le *perpi-*

gnan, les *mozacs*, le *millau noir*, l'*onden noir*, l'*espar*, le *fer*, le *piquepoul noir*, le *rougeau* (1).

On choisira, parmi les cépages de la *contrée*, ceux qui sont les plus vigoureux, ceux qui sont les plus fructifères sur un sol ayant la même analogie de composition avec le terrain qui doit les recevoir. Nous éliminerons de nos plantations tous ces plants étrangers, nous insistons sur ce point ; ces mariages entre plants, provenant de diverses régions, donnent de bien faibles résultats (2).

La vigne, comme toutes les plantes, subit les effets de l'hybridation ; telle espèce pure aujourd'hui sera abâtardie demain par le voisinage d'une autre. Cet arbuste ne saurait être affranchi des lois qui régissent la fructification.

On limitera ensuite le choix des sujets à un très-petit nombre pour les vins colorés, un plus grand ombre pour les vins blancs. On mettra encore à part les raisins qui mûrissent hâtivement et ceux dont la cueillette a lieu plus tard.

Répétons enfin que pour le choix des cépages nous opèrerons par sélection en prenant les plants, parmi

(1) A dessein, nous négligeons de signaler certains cépages : le *millau blanc*, le *terret-bourret*, le *malsain noir* et tant d'autres, dont les qualités sont bien contestables.

(2) La possibilité de récolter dans le Tarn-et-Garonne du vin de Bordeaux, parce que l'on plantera le *carbenet*, le *merlot*, le *savouret*, etc., cultivés dans le Médoc ; et du vin de Bourgogne, parce qu'on introduirait dans nos vignobles le *pinot* et ses congénères, ne saurait être admise.

La nature seule du sol, et non le cépage, donne la qualité au vin.

ceux de la localité, les plus beaux, les plus productifs.

§ IV. *Taille et culture de la vigne.* — La taille de la vigne est une opération très-importante ; elle a la plus grande influence sur sa fécondité, sur la durée même de cet arbuste.

Nos vignes sont à 40 centimètres environ au-dessus du sol. On les taille en espalier ou en gobelet, à deux ou trois bras, chacun portant un courson unique muni de un ou deux yeux ; quelquefois on laisse un archet (flache), que l'on replie et que l'on attache au cep lui-même, ou à un échalas. De loin en loin, on trouve quelque pisse-vin. Telle est la taille généralement suivie dans notre Département.

Cette pratique est vicieuse. La fertilité de la vigne serait bien augmentée si on donnait à cet arbrisseau toute sa puissance de végétation, c'est-à-dire si on pratiquait une taille généreuse, longue (1) ; et voici en peu de mots les motifs :

« Les phénomènes naturels qui se passent dans l'acte de la végétation portent à tenir pour vrai ce principe, que, dans la vigne comme dans les arbres fruitiers, plus la taille est courte, plus les jets sont vigoureux ; plus la taille est longue, plus les fruits sont abondants. La vigne est éminemment vivace ; sa force de végétation est presque sans limites ; elle ne

---

(1) Il ne faut pas perdre de vue que telles espèces s'accommodent plus facilement d'une taille longue, et que d'autres demandent le contraire ; comme aussi, on se rappellera que la branche à *fruit* doit être renouvelée.

demande qu'à s'étendre. On doit, dès lors, intervenir par la taille, et satisfaire à cette nature expansive en la retenant assez pour donner des fruits aussi abondants que sa force peut le permettre, et lui donner assez de liberté pour se créer elle-même des éléments de vie, de fécondité. »

Que l'on taille, en effet, une vigne très-court, on voit aussitôt les nœuds s'éloigner, les bourgeons rester petits, les feuilles courtes, tandis que les extrémités s'allongent démesurément, et le cep être envahi par un nombre considérable de gourmands. Ce n'est pas tout : lorsque les fruits n'avortent pas dans leurs fleurs par excès de séve, gras et aqueux au moment de la veraison, ils pourrissent quand le temps est humide.

Comme aussi, si on taille trop long, la séve ne pouvant suffire à tout, le bois est petit, et les feuilles sont maigres ; le fruit avorte et ne grossit ni ne mûrit.

Une juste mesure donc est nécessaire, c'est-à-dire qu'il faut tailler long, de manière à laisser autant de coursons et de bourgeons que comportera la vigueur de la souche, et ne pas perdre de vue que, plus la taille est longue, plus les fruits seront abondants.

De plus, on agira de telle sorte que la section des sarments de l'œuvre soit franche et nette ; que cette coupure ait lieu sur le nœud, c'est-à-dire sur la cloison inter-médullaire, ainsi que nous l'avons recommandé déjà. On conservera, en outre, à chaque courson, trois bourgeons, y compris l'œil donnant : le *borgne* ou *bourg* (1).

On taillera le sarment le plus fort, le plus vigoureux; mais, si l'on veut réserver un archet, on choisira le sarment de grosseur moyenne.

Il est préférable de laisser moins de bras et plus de coursons; plus de bras et moins de bourgeons fatiguent le cep. Trois bras consomment plus de sève que deux.

Ici, dans notre contrée, sous notre ciel, il est indifférent de tailler tard ou de bonne heure, bien que l'on ait dit : « Plus tôt, plus de bois; plus tard, plus de fruit. » On commencera donc à la chute des feuilles, et ce travail ne sera suspendu que pendant les fortes gelées ou la neige; on s'arrangera aussi de manière que la taille soit terminée avant le mouvement de la séve (2).

Une pratique qui n'est pas à dédaigner, c'est de procéder à l'opération de la taille en deux fois, c'est-à-dire de commencer par retrancher tous les sarments inutiles *(recurer)*, et de ne laisser sur la souche que ceux qui sont destinés à porter fruit, pour être taillés après les fortes gelées d'hiver.

Quant à la taille appliquée à la jeune vigne, la première année, on ravale la souche sur le jet qui a

______

(1) Appelé ainsi, on le sait, parce que ce bourgeon ne se développe ordinairement que lorsque les supérieurs ne viennent pas à prospérité.

(2) Contrairement à l'opinion de feu Guyot, qui admet que la perte de la séve au moment de la taille n'épuise pas la souche.

poussé le plus près de terre ; la deuxième année, on commence à former la souche par l'existence d'un seul courson et d'un seul bourgeon ; la troisième année, on laisse deux ou trois branches, avec un bourgeon sur chacune, et on met un tuteur ; à quatre ans, on laisse deux yeux ou trois sarments ; à cinq ans, on taille comme à l'ordinaire.

Indiquons le mode à suivre pour donner à un cep la forme d'une treille ou d'une palmette :

On taillera le sarment à quatre ou cinq bourgeons, et on enlèvera tous les faux bourgeons. Chaque année, on agira de même jusqu'à ce que la tige soit arrivée à la hauteur voulue ; à ce moment, on pince le bourgeon de prolongement. L'année suivante, on taille les deux bourgeons opposés qui se trouvaient à la base des bourgeons de prolongement, et qui avaient été pincés l'année précédente ; ces sarments sont destinés soit à commencer les cordons, soit à être taillés sur un œil de dessus pour courson ; puis, on ne s'occupe plus des bourgeons de prolongement, devenus désormais inutiles.

Pour compléter ce que nous venons de dire de la taille, et si, dans notre Département, on ne pratique jamais ce que nous allons conseiller, sous prétexte que la récolte du vin n'est pas suffisamment rémunératrice pour s'engager dans de nouvelles dépenses, nous procéderons plus tard à une série d'opérations dites *tailles d'été*, qui consistent à pincer, à rogner les vrilles, les pampres ; à ébourgeonner les ceps, à effeuiller, à échalasser enfin.

a. Immédiatement après les premiers labours de déchaussage, faits à la main ou à la charrue, et avant le développement de la *bourre*, on place des échalas de 1 mètre à 1 mètre 25 de longueur, afin de tenir le cep droit, dans une direction perpendiculaire, et d'élever les rameaux, ainsi que les fruits, au-dessus du sol.

On fait les paisseaux de châtaigner ordinairement; mais, dans le but d'économiser le temps et l'argent, on fera bien de se procurer des tuteurs en bois de pin des Landes injectés. Ces échalas, ainsi préparés, peuvent rester dans la terre, sans se pourrir, pendant cinq ou six ans.

b. Au bout de huit ou dix jours après que le raisin est formé, on pince cette petite vrille qui accompagne la grappe, quand même sur cet appendice sembleraient se former quelques grains.

c. Dans la dernière quinzaine de mai, on supprime le sommet de chaque tige fructifère, à quatre ou cinq feuilles au-dessus de la dernière grappe. Chaque bourgeon qui surgit plus tard de l'aisselle des feuilles sera supprimé à son tour. A ce moment encore, tous les bourgeons qui sont destinés à devenir branche à fruit seront ménagés; ceux-là doivent pousser à grand bois : ils ont pour fonction d'attirer la séve.

d. Au commencement de juin, on enlève tous les faux bourgeons, tous les pampres ou gourmands qui ne portent pas de fruits, et qui ne sont pas utiles à la taille de l'année prochaine.

e. Dans les premiers jours de juillet, on réduit à un

mètre de longueur les pampres de la branche à bois ; on pince les bourgeons de la branche à fruit, et on fixe aussi les sarments aux échalas.

f. A la fin d'août, si le temps est humide, pluvieux, on enlève toutes les feuilles qui couvrent les raisins, en ayant la précaution de respecter soigneusement les supérieures.

g. Après la cueillette des raisins, on se gardera bien de faire paître les animaux dans les vignes, encore moins d'enlever les feuilles ; non-seulement on mutile la plante, mais, en même temps que ce fourrage est nuisible à la santé des animaux, c'est un engrais qui doit rester sur le sol.

§ V. *Instruments pour la culture de la vigne.* — Il ne suffit pas de planter la vigne dans de bonnes conditions, de faire un choix judicieux de cépages, de les approprier au sol, d'opérer même une taille convenable ; on doit compléter ces premiers soins par divers travaux que nous opérerons tantôt à bras d'homme, tantôt à l'aide d'animaux.

A l'exception des vignes établies dans des pentes trop raides ou sur un sous-sol de roc, nous donnerons toutes les façons, telles que déchaussage, buttage, avec des instruments traînés par des animaux ; la vigne ne réclame que des travaux légers, superficiels presque. Dans les sols compactes, on peut sans inconvénient remuer plus énergiquement le sol.

Sauf pour fumer la vigne, on peut se borner à sarcler légèrement cette langue de terre, le *cavaillon*, que laisse la charrue dans la ligne des ceps. Il suffit seulement de débarrasser cette portion de terre des plantes parasites.

Lorsque le temps sera sec, avec la charrue vigneronne, appelée ainsi parce qu'elle est contournée suffisamment à sa partie inférieure pour serrer de très-près les souches, et qu'elle peut être traînée par un cheval ou un bœuf seul, on donnera légèrement une première façon, on rompt purement et simplement le sol; puis, avec le *binoir*, *herse Paris*, ou mieux encore avec la *charrue-scarificateur de Moux*, instrument construit et agencé de telle sorte que, pourvu de plusieurs pièces de rechange, on peut à volonté le disposer soit pour chausser ou butter, soit pour égaliser le terrain ou le sarcler au besoin; avec cet instrument, disons-nous, après une légère pluie, on procède au buttage. Plus tard, on égalise la terre; et enfin, si les mauvaises herbes envahissent la vigne, on la nettoie par un temps sec.

§ VI. *Amendements divers; mode de fumure.* — Parce que notre sol est très-favorable à la culture de la vigne, parce que nous modifierons sensiblement la taille, et que nous donnerons des labours plus parfaits, est-ce à dire que nous puissions nous passer d'amendements et d'engrais? Non, sans doute. Plus nous ferons pour cette culture, plus nous récolterons. D'ailleurs, la vigne diffère de toute autre culture; elle existe longtemps sur le même terrain, elle produit constamment et sans intervalle de repos. Nous ferons donc bien de lui donner un principe réparateur; avec le fumier, nous augmenterons le produit sans altérer la qualité. Que nous importe d'abréger sa vie?

Si nous exceptons certains sols riches, tous nos coteaux, nos plaines, nos boulbènes, se trouveront bien des engrais ou de quelques amendements. La chaux ou la marne dans les terrains siliceux, les terrages dans les terrains maigres, le sable, le gravier, dans les sols argileux, produisent de bons effets.

a. La chaux mélangée en compost avec des détritus végétaux (des feuilles, par exemple) serait un bon amendement ; mais, outre la difficulté de trouver facilement cette matière, elle a l'inconvénient de provoquer la naissance d'une quantité prodigieuse de radicules qui vivent dans un milieu trop restreint.

b. La marne, au contraire, ajoute à la fertilité de la vigne, à la finesse du vin. Le terrain marneux donne un jus très-délicat; tous les cépages s'y perfectionnent, la maturation est plus hâtive.

c. Le fumier de nos campagnes, seul ou en compost avec le marc de raisin, à la dose de 30,000 kilogrammes à l'hectare tous les six ans, est l'engrais le plus économique, le plus puissant. On lui reproche d'agir trop rapidement, de n'avoir pas un effet assez prolongé : cette allégation n'est pas fondée. En hiver, avant toute façon, pourvu que l'état du terrain le permette, on passe entre les lignes une charrue sous-sol, on approfondit cette raie avec une charrue à double versoir, et là on dépose sans interruption l'engrais, que l'on recouvre au fur et à mesure avec une charrue ordinaire, et puis, avec le *binoir-herse,* on chausse le pied et on égalise la terre.

d. Le guano du Pérou est éminemment fertilisant, mais il est de peu de durée, et son action se porte sur le bois et non sur le fruit.

e. Les chiffons de laine, et non de fil et coton, sont très-puissants pour la vigne. Très-riches en azote, cet engrais, aujourd'hui malheureusement fort rare ou à un prix très-élevé, parce que l'industrie manufacturière s'en empare, possède une action fertilisante très-marquée; son action se fait sentir pendant cinq ou six ans; 1500 kilogrammes suffisent à l'hectare. On le dépose par parcelles dans un augeot creusé entre deux souches.

f. Les tourteaux de graines oléagineuses grossièrement moulues produisent des effets remarquables de fertilité pour la vigne; leur durée se prolonge dix à douze ans. On dépose 500 grammes de cette matière dans un petit trou creusé entre deux souches sur quatre.

g. Les composts enfin, ou les divers mélanges de terre, de fumier, de vase de mare; les boues, les balayures des villes, sont utilement employés pour fumer la vigne.

On peut aussi fertiliser la vigne par le semis des plantes herbacées, telles que le lupin blanc dans les sols légers, les féverolles d'hiver dans les terrains argileux, et l'esparcette dans les terres-forts, en prenant la précaution d'enfouir ces plantes au moment de leur floraison.

§ VII. *Mode de remplacement de la vigne.* — Le viticulteur doit s'occuper tantôt de remplacer les manquants, tantôt de substituer les bons cépages aux mauvais ; il atteindra ce but à l'aide de *plants enracinés*, du *recouchage*, du *provignage* et de la *greffe*. Examinons chacun de ces procédés.

a. Dans une vigne jeune, on remplacera un cep mort par un plant enraciné provenant de pépinière. Comme pour la plantation, on creusera un trou assez grand, destiné à recevoir le plant, et, pour assurer la reprise, on plantera de bonne heure en ajoutant une certaine quantité de fumier ou un engrais quelconque. Une petite quantité aussi de terre neuve portée dans l'augeot serait très-favorable au succès de l'opération.

b. Bien que certains viticulteurs blâment le remplacement de la vigne par *recouchage*, parce que les sarments, disent-ils, poussent de chaque nœud un racinage diffus et sans consistance, nous emploierons ce moyen dans une vieille vigne.

Cette opération consiste à enterrer entièrement la souche à 25 ou 30 centimètres, et à laisser à l'air libre deux extrémités de sarments sur trois ou quatre bourgeons chacun, pour prendre la place du manquant. Seulement, on aura soin de jeter une certaine quantité d'engrais dans cette fosse avant de la recouvrir de terre.

c. Parlons peu, pour mémoire seulement, du *provignage*. On pratique un petit fossé au pied d'une souche, et on couche un gourmand destiné à remplacer une souche voisine ; plus tard, trois, quatre ans après, on sépare ce gourmand de la souche qui l'a produit.

On a tort d'opérer ainsi pour remplacer une souche, car, malgré les soins de culture et de fumure que l'on prodigue à ce sarment, espèce de *pisse-vin* (1), la nouvelle souche a une existence bien factice; de plus, c'est un exutoire bien nuisible pour le cep qui l'a produit.

d. Avec la greffe nous avons l'avantage, d'abord, de changer la qualité d'un cépage, et puis celui non moins précieux d'avoir des fruits après deux ans. Pour opérer avec succès, on agira sur un sujet fort et vigoureux. Fin mars ou au commencement d'avril, on récèpe le pied à greffer à 10 centimètres au-dessous du sol, on fend le sujet, et après avoir placé un seul sarment, on lie fortement pour rapprocher le bois ; on recouvre de terre, en ne laissant qu'un seul bourgeon au-dessus du sol. Pendant le cours de l'année, il faut avoir soin de détacher tous les rejetons qui poussent de la souche.

Le mode de greffer la souche en *écusson* réussit très difficilement.

§ VIII. *Maladies de la vigne.* — Une foule d'accidents peuvent compromettre la récolte du vin ; autant que possible nous devons nous efforcer de les conjurer.

L'oïdium n'existe plus que de nom aujourd'hui, grâce au moyen dont nous disposons pour le com-

---

(1) En parlant de la plantation de la vigne, nous avons dit l'importance que nous attachons à ce sarment enraciné.

battre. Dans le mois de juillet, ordinairement, dès l'apparition de la maladie, on répandra à la main, et par une température de 18 degrés centigrades, au moins, du soufre sublimé pur et sans mélange sur tous les raisins infestés. Si un goût de soufre se faisait remarquer plus tard sur le vin, un ou deux soutirages suffiraient pour le débarrasser de cette odeur.

Parmi les ennemis de la vigne, nous avons des insectes qui attaquent les uns les feuilles, les autres les bourgeons, la plante même, les racines aussi pour se nourrir de leurs sucs (1).

Lorsqu'on aperçoit dans les vignes des feuilles enroulées, recroquevillées, des bourses soyeuses, on doit se hâter de les enlever; par ce moyen on détruit les larves de divers insectes. Il est d'une bonne pratique aussi de racler les pieds des souches; cette opération procure l'avantage de débarrasser le cep de cette mousse, de ce lichen qui enlève une partie des sucs de l'arbuste, et d'arrêter l'invasion d'une foule d'insectes qui viennent y déposer leurs œufs.

(1) On compte 39 insectes, mais heureusement fort rares dans nos contrées. Voici les principaux : le *hanneton*, *l'altyze*, la *cochenille*, *l'attelabe*, *l'eumolpe*, *diablotin* ou *écrivain*, le *cochylis*, les *noctuelles*, le *bombyx*, le *sphinx*, la *pyrale*, les *guêpes*, et aujourd'hui le *phylloxera vastatrix*, espèce d'insecte microscopique, jaune, verdâtre, qui s'attaque aux radicelles de la vigne et qui la fait périr. On prétend que cet insecte voyage sous terre, en suivant les racines, et dans l'air à l'état d'insecte parfait. Espérons que la prime de 300,000 francs offerte par l'État stimulera les études de nos savants antomologistes, et qu'ils donneront les moyens de nous débarrasser de ce nouveau fléau.

On se gardera bien aussi de détruire les lézards, les crapauds, et surtout les petits oiseaux, chasseurs naturels, les uns de certaines chenilles, les autres, le plus grand nombre, de ces insectes.

Nous ne pouvons rien contre la *brouissure*, ou *rougeaut*, maladie qui a pour effet de jaunir les feuilles et de laisser les grains de raisin durs, verts ou rougeâtres ; ni contre le *grillé*, qui diffère du *rougeaut*, parce que la couleur jaune n'apparaît que par plaques ; ni contre la *coulure*, conséquence de la pluie, ou d'une forte chaleur pendant la floraison ; ni contre l'*échaudage*, appelé ainsi parce que le raisin est grillé par une forte chaleur ; ni contre le *cottis*, bien connu par ses feuilles recroquevillées et qui entraînent la mort du cep ; comme aussi nous sommes impuissants contre la grêle, la sécheresse et les pluies continues.

Plus heureux pour un autre genre de fléau destructeur, nous pouvons aujourd'hui, sinon combattre définitivement la gelée blanche du printemps, du moins atténuer considérablement ses effets.

Nous avons à notre service divers moyens : le premier, indiqué par le docteur Guyot, consiste à confectionner des tresses en paille, réduites à 60 centimètres de hauteur, d'une longueur égale à la ligne des ceps, et à les placer horizontalement sur les souches à l'aide de pieux fichés dans la terre.

Le second, plus simple, peu onéreux, se pratique en plaçant une ou deux javelles contre le cep, disposées de manière que les bourgeons reçoivent les premiers rayons du soleil.

Certains ont conseillé de jeter de l'eau sur les pampres gelés, afin de prévenir les effets d'un dégel trop subit (1) ; d'autres, du plâtre, afin d'absorber l'humidité. Chacun de ces divers modes a bien son mérite ; mais ils sont, on en conviendra, sinon difficiles, du moins très-onéreux dans leur application.

Reste un autre moyen, qui consiste à faire brûler dans les allées ou francs bords de la vigne, une heure avant le lever du soleil, à l'aube, des matières inflammables, de la paille, du bois, des balles de blé, des gazons flétris, enfin toutes sortes de substances capables de produire de la fumée, en ayant soin de disposer ces feux de manière que le vent ramène la fumée sur la récolte à garantir (2).

Parmi les matières inflammables susceptibles de remplir ce but, l'expérience nous a prouvé que le *coaltar* (3) était bien approprié à cet usage par sa combustion facile, son dégagement de

(1) Lorsque le ciel reste couvert le matin après une gelée blanche, et que le dégel s'effectue lentement, le mal est de beaucoup atténué.

C'est ainsi que les vignes exposées au couchant souffrent moins des gelées printanières (Poiriau).

(2) Ce moyen n'est pas nouveau : il est pratiqué depuis longtemps par les Indiens.

(3) Produit ou résidu que l'on trouve facilement à un prix très-minime (10 francs les 100 kilogrammes) dans les usines à gaz.

fumée très-épaisse, et par sa commodité de transport.

Pour procéder à cette opération, on met dans des récipients en terre ou en fer 5 à 6 kilogrammes de *coaltar* pur et sans mélange aucun ; on place ces vases chacun à 20 mètres de distance environ, et, pendant la combustion, on agite de temps en temps cette matière.

La veille, à sept ou huit heures du soir, on place un thermomètre au pied d'une souche ; si cet instrument indique une température de 4 à 5 degrés même au-dessus de zéro, on doit tout disposer pour le lendemain.

Disons, en passant, que l'emploi des *nuages* artificiels pour prévenir les désordres de la gelée blanche est applicable à toutes les plantes, à la luzerne principalement, à cause de ses pousses précoces.

Parlons d'un mode de cultiver la vigne, presque tout spécial à notre Midi, à notre contrée surtout.

Dans notre Département, on trouve fréquemment intercalées, dans des champs destinés aux céréales, des souches, sur une ou deux rangées, entremêlées d'arbres fruitiers, de pruniers principalement, connues sous le nom de *cances*.

Bien que ce mode de culture soit utile à la petite propriété, il a pour inconvénient, d'abord d'être très-fréquemment sujet à la gelée du printemps, et puis de donner un produit très-médiocre ; parce que ces ceps, profitant de l'engrais que l'on donne au blé, sont d'une vigueur exceptionnelle, et donnent des raisins en si grande quantité, que souvent la maturité est imparfaite.

Mieux vaut donc consacrer une parcelle de terre à part pour la culture de la vigne.

§ IX. *Récolte du vin.* — Arrive le moment de la cueillette du raisin. Nous y procèderons lorsque la maturité sera complète. A cette époque le fruit contient la plus grande quantité de sucre, et nous devons toujours rechercher cette matière.

On s'assure du degré de maturité du raisin à l'aide d'un instrument appelé *gleucomètre* ; à cet effet, on exprime le jus de divers cépages, et après l'avoir versé dans la cuvette destinée à serrer l'instrument, on se rend compte de la quantité de sucrage du raisin. Cette épreuve donne ce résultat que, selon la graduation du gleucomètre, la quantité de sucre répond à la quantité d'alcool.

M. Fleury indique aussi le moyen de connaître la maturité d'une variété de cépages : lorsque le grain a pris la couleur noire, le brillant disparait ; après quelques jours, cette couleur prend une teinte violacée, brillante, puis passe au noir mat : c'est le moment de cueillir le raisin.

On procède à la récolte par un temps sec, et après la rosée, par conséquent. On évitera avec le plus grand soin d'écraser les raisins ; les grains grillés, tarés, pourris, ou verts, seront soigneusement éliminés du moût.

Si le temps est chaud, on se dispensera d'égrapper ; s'il est froid et humide, on fera bien de procéder à cette opération.

Portée dans le cellier, la vendange sera foulée (1).

De la bonne confection du foulage dépend une fermentation plus complète, plus prompte ; c'est le foulage qui donne plus de couleur, c'est par lui que le ferment se développe.

L'ustensile vinaire, destiné à recevoir le moût, sera fermé ; lorsqu'il en est ainsi, il a cet avantage de conserver intacte la partie supérieure de la vendange, de rendre le vin plus corsé, plus spiritueux, plus coloré. Si nous avons à notre disposition un foudre pour faire cuver la vendange, nous lui donnerons la préférence.

Les grandes cuves sont préférables aux petites ; seulement il est bon de ne pas enrayer l'ébulition par l'addition de nouvelle vendange.

Les cuves en bois, en pierre, en béton, sont également bonnes pour la confection du vin. Le moût, séjournant très-peu de temps dans ces récipients, ne peut contracter aucun goût ; depuis longtemps nous sommes à même de constater ce fait.

Seulement, le béton, la pierre, la brique, étant de mauvais conducteurs du calorique, et par conséquent ces matières étant plus froides que les cuves en bois, si le moût ne s'élève pas à 10 ou 12 degrés de chaleur, on jettera dans la cuve du moût, que l'on aura chauffé préalablement, ou bien de la vendange en fermentation.

(1) Nous recommandons le *fouloir,* grand ou petit modèle, de M. Desaunay, de Nantes.

Tous ces vaisseaux vinaires seront d'une sanité et d'une propreté parfaites.

§ X. *Soins généraux que demande la vinification.* — La fermentation contribue puissamment à la bonne confection du vin ; nous devons donc connaître les phénomènes divers qui se passent dans le cours de cette opération.

« Le grain de raisin est formé : 1º d'une enveloppe, recouverte elle-même d'une couche d'efflorescence blanchâtre et veloutée ; 2º de matières colorantes qui tapissent l'intérieur de cette enveloppe ; 3º d'une pulpe charnue, incolore, excepté dans les teinturiers et quelques muscats, traversée par de nombreux vaisseaux, au centre desquels se trouvent les pepins, enveloppés d'une substance gommeuse et glutineuse.

« Dans la pulpe on trouve de l'eau, du sucre. Dans les pépins, dans les parties colorantes et corticales, se rencontrent le tannin, des acides tartriques et maliques, et une matière glutineuse végéto-animale qui, avec les matières azotées dont elle procède, donne probablement naissance à ce produit appelé ferment, à des huiles essentielles, grasses, ou des sels de différentes natures. Dans la rafle on trouve aussi toutes ces dernières matières.

« Tant que l'enveloppe du grain reste intacte, aucune transformation ne s'opère. Mais aussitôt qu'une fissure a lieu, la partie glutineuse se transforme immédiatement en ferment, réagit sur la partie aqueuse et sucrée, et produit de l'alcool. Or, ce qui

se passe sur un grain de raisin nous permet de
pénétrer les phénomènes qui s'accomplissent dans la
cuve. Le moût éprouve un mouvement de fermentation d'autant plus actif que la température est plus
chaude, et qu'il contient une plus grande quantité de
sucre et de ferment. A ce moment il s'échauffe, se
trouble, des bulles d'acide carbonique, allant de bas en
haut, se dégagent d'abord lentement, puis plus vivement, avec un certain bruit de crépitation, par un fort
bouillonnement. Toutes les parties, pellicules, rafles,
pépins, matières solubles et insolubles, sont poussées
du fond de la cuve vers le haut, où bientôt elles forment une masse solide, spongieuse pour prendre le
nom de chapeau, et au travers duquel, par des fissures
qui se forment, s'échappe le gaz appelé acide carbonique.

« L'agitation enfin diminue peu à peu, la partie
liquide se calme en précipitant une partie des matières
qu'elle tenait en suspension. »

La cessation du bouillonnement, ou la combustion
d'un flambeau posé directement sur le chapeau,
doit servir de règle pour le décuvage ; il importe
peu que le vin soit chaud ou froid, limpide ou louche ;
en laissant le vin refroidir avec la grappe, il peut
s'altérer, l'alcool disparaitre presque entièrement ;
si, d'ailleurs, le vin est encore trouble, la fermentation s'achèvera dans les tonneaux.

Nous recommandons un second foulage à la cuve,
du troisième au quatrième jour ; on obtient ainsi
plus de qualité. Ce procédé a cet avantage d'activer

l'ébullition, si elle tend à faiblir ; de hâter la décomposition du sucre, de colorer le vin en le mettant en contact avec le marc qui contient, on le sait, du tannin et des matières colorantes.

Nous ne plâtrerons jamais la vendange ; le plâtre colore le vin à la vérité, mais le rend rude, malsain même.

Si la maturité du raisin laissait à désirer, on ajouterait dans la cuve 120 grammes de sucre de canne, ou 250 grammes d'eau-de-vie par 100 litres de liquide.

§ XI. *Conservation et amélioration du vin.* — Lorsque le vin est séparé de la vendange, le moment est venu de veiller à sa conservation.

1. Le vin s'altère parce que l'on néglige trop, d'abord la propreté ou la sanité des fûts, ensuite parce que on oublie facilement le *remplissage* ou *ouillage*, le *soutirage*, le *collage*. Voyons, à ce sujet, l'opinion et les conseils que nous donne M. Pasteur.

Le vin tient toujours en suspension un des éléments principaux de l'air, l'oxigène, gaz essentiellement utile à sa conservatien, comme aussi il tend plus tard à l'altérer.

Après que le vin est dans le tonneau, on constate un vide dû, soit au refroidissement, soit à l'imbibition, ou l'évaporation par les douves.

En même temps que le vin s'éclaircit, il laisse déposer au fond du tonneau des matières amorphes et cristallines, espèces de corpuscules organisés, isolés ou réunis en chapelets, des êtres enfin vivant aux dépens du vin et s'assimilant certains éléments,

et rejetant à l'état d'excrétions ceux qui sont devenus nuisibles à leur développement. De là ces maladies que l'on désigne sous le nom de *lactescence*
quand le vin est *piqué, aigre* ; de *pousse* quand il est
tourné, d'*amertume* quand il est *amer*, sans compter la
moisissure, le *goût* du *fût*, etc.

On modère considérablement ces maladies en
ouillant d'abord, en *soutirant* et *collant* le vin ; mais
les seuls moyens efficaces sont deux procédés opposés : la *congellation* et le *chauffage*. Le premier mode
étant presque toujours impraticable dans nos contrées, nous mettrons en usage le second procédé,
comme le premier, du reste, ayant pour effet spécial
de désagréger les tissus de tous ces petits êtres,
de détruire définitivement tous ces corpuscules.

Donc, avant d'entonner le vin, nous le chaufferons,
en élevant la température de 55 à 60 degrés centigrades, et voici le mode d'y procéder :

Après avoir mis le vin dans un récépient en bois
(un cuvat, par exemple), on place au centre de ce
vase un *cylindre* ou *plongeon* (sorte d'instrument à
l'usage des boulangers, pour faire chauffer l'eau
destinée à préparer le pain), et, ainsi que nous
l'avons dit, on élève la température jusqu'à 55 ou
60 degrés, bien faciles à constater au moyen d'un
thermomètre (1).

(1) Après ces données, nous n'avons pas à nous occuper de proportions,
encore moins des fonctions que jouent dans le vin : l'eau, l'alcool, l'uvée,
le tannin, les acides acétique, œnanthrique, la potasse, la chaux, le fer,
la soude, l'alumine, etc., etc.

Cette opération ne saurait dispenser de procéder avec soin à l'*ouillage*, au *soutirage*, au *collage*.

a. En mars et septembre, par un temps calme et par un léger vent du Nord, on procède au *soutirage*, en faisant couler le vin dans un vase quelconque afin de l'*aérer*. Le syphon sera par conséquent proscrit. Après la seconde année, on mettra bonde de côté, pour n'opérer ensuite qu'un seul soutirage en mars suivant. Inutile de dire que le tonneau sera tenu constamment plein, soit après chaque soutirage, soit après que le vin a été entonné.

b. A un troisième ou quatrième soutirage succèdera le collage ou fouettage. Cette opération a pour effet d'aérer encore le vin, de le rendre plus moelleux, plus brillant, en le débarrassant d'une certaine quantité de matières inutiles, et néanmoins de lui conserver son arôme. Le manuel opératoire est assez connu : il suffit de prendre douze œufs (de préférence à ces gélatines de commerce), de les délayer dans un litre de vin, d'ajouter une poignée de sel marin, et de mélanger vivement cette composition avec une barrique de vin, pendant 20 à 25 minutes, à l'aide d'un instrument spécial appelé *fouet,* ou bien avec une poignée d'osiers liés ensemble. Un mois après on peut opérer le soutirage.

2. Cette recette serait en souffrance encore si on oubliait les soins attentionnés que réclament les vaisseaux vinaires, et les locaux destinés à les loger.

a. Le vin devrait être constamment logé dans des

fûts neufs et d'une grande capacité. Si le vase a déjà servi, il doit être exempt de goût de bois, et ne donner aucune odeur de *rance*, de *moisi*, d'*aigre* ; sa sanité doit être sans aucun reproche, car là aussi, dans l'intérieur du tonneau, se trouvent quelques corpuscules capables d'altérer le vin.

On lavera toujours le fût à la chaîne, jusqu'à ce que l'eau sorte claire et limpide ; on laissera égoutter, et puis on rincera avec du vin, et encore on aura la précaution de brûler une mèche de soufre dans l'intérieur avant d'y mettre le vin, à moins qu'il ne soit trop clair.

Le fût laissé en vidange recevra les mêmes soins. Nous insistons sur ce point de soufrer le fût prêt à recevoir le vin, ainsi que celui laissé en vidange, par ce motif que le soufre jouit de la faculté de neutraliser les principes fermentescibles, et de les frapper d'immobilité dans un vaisseau vide ; le soufre, en même temps, prévient toute acidification ou toute autre altération du contenu dans une barrique laissée en partie pleine.

On évitera cependant de soufrer en excès, de laisser tomber le linge de la mèche dans le fond du tonneau, et de se servir d'une barrique soufrée depuis longtemps sans la rincer.

b. Très-subtil, capable de contracter un grand nombre de maladies par voie de contiguité, le vin mérite d'être logé convenablement.

La cave souterraine voûtée est un lieu bien approprié à cet usage, la température étant ordinairement de 10 à 12 degrés très-favorable à la conservation du vin.

A défaut de cave, nous aurons un chai isolé de toute construction, à faîte très-élevé, établi en pisé, n'ayant que deux ouvertures, l'une au Nord, l'autre au Sud ; ce local sera carrelé en briques ou en pierres-dalles.

§ XII. *Confection du vin blanc.* — Après avoir foulé légèrement le raisin, on dépose le jus dans un tonneau neuf ou exclusivement réservé à cet usage ; là, on laisse agir la fermentation jusqu'à extinction sans ouiller, et puis on procède à divers soutirages jusqu'à ce que la clarification soit complète, en ayant soin d'accompagner chaque lavage du tonneau d'un soufrage immédiat, à moins pourtant que le vin ne soit trop doux (1), alors on s'abstiendra de soufrer.

Pour obtenir la clarification claire, limpide, si recherchée de ce vin, on devra faire usage d'un filtre, composé d'une manche en laine, garnie intérieurement de papier gris.

S'il entre dans nos vues de nous procurer un vin blanc très-doux, appelé *muet*, nous devons procéder ainsi : dans un tonneau préalablement soufré, on verse une petite quantité de moût blanc, on soufre de nouveau, et on roule afin de mêler intimement ce

---

(1) On sait qu'il faut augmenter d'autant la quantité de soufre pour modifier l'astringence ou la dureté du vin rouge ; autant il faut s'abstenir de soufrer le vin blanc, afin de ne pas interrompre la fermentation.

liquide avec la vapeur de soufre ; on soufre encore, on ajoute d'autre moût que l'on mélange vivement, et on continue ainsi jusqu'à ce que le tonneau soit plein. Dans 24 heures ce vin est clarifié comme de l'eau de roche, et très-doux, mais il ne se conserve qu'un ou deux mois ; c'est au soufre, à sa faculté de modérer la fermentation, que l'on doit la qualité de ce vin.

CHAPITRE X

ENGRAIS

Préparation et amélioration des fumiers longs. — Amendements en général. — Application.

§ Ier. *Préparation et amélioration des fumiers.* — On appelle *fumier long* ou *engrais mixte* celui qui est le produit d'une matière modifiée par l'action animale et de détritus végétaux, tels que les pailles, les bruyères, les feuilles (1), etc.

Généralement le fumier nous fait défaut; de plus, nous le préparons et le conservons mal. Pourquoi ne fait-on pas mieux, lorsque l'on connaît si bien l'utilité de cet engrais (2)? Le motif est facile à comprendre,

---

(1) La paille des céréales n'est pas la meilleure pour la confection des fumiers. Sprengel les a classés ainsi : 1° paille de colza ; 2° de vesces ; 3° de pois ; 4° de blé ; 5° de seigle ; et 6° d'avoine.

(2) Contrairement à cette prétention, que l'emploi exclusif des engrais chimiques permet de se passer des engrais d'étable. Avec un auteur bien connu, nous n'hésitons pas à dire que le fumier d'étable est le *prototype* de tous les engrais ; qu'il ne peut être remplacé ; que l'humus étant une condition essentielle de la faculté productive du sol, aucun produit chimique ne peut suppléer à l'humus.

Les engrais chimiques n'améliorent pas le sol : ils dissipent ce qui est amassé ; ils peuvent être considérés tout au plus comme un appoint, comme un moyen de suppléer à l'insuffisance des fumiers.

selon nous : c'est que peu d'agriculteurs connaissent
la valeur des éléments qui le composent, les règles à
suivre pour sa confection, sa conservation.

Les savantes études du professeur *Sacc*, de *Ducoin*
et *autres*, sur la nature et les matières qui composent
les fumiers, nous mettront à même d'apprécier leur
valeur et l'importance des soins que réclame leur
confection.

a. Le fumier de mouton est le plus substantiel de
tous les fumiers; il doit cette propriété à l'urine
grasse, épaisse, putrescible, et à la fiente chaude ani-
malisée qui se trouvent mélangées dans les pailles.
Susceptible de fermenter facilement, il doit être mis
en petits tas, et recouvert d'une légère couche de
terre. L'usage de ce fumier est très-approprié aux
terrains froids et argileux.

b. Le fumier de cheval, très-fermentescible par le
défaut de cohésion qui existe entre les particules
constituant le crottin, laisse exhaler facilement ses
produits gazeux, ce qui diminue d'autant la quantité (1).

On fera bien de l'enfouir à l'état frais. Dans le cas
contraire, on évitera de le placer à la pluie, au soleil,
au vent, en le couvrant d'une légère couche de terre,
que l'on arrosera de temps en temps. C'est dans les
terres humides et froides que ce fumier trouvera son
emploi.

(1) D'après Boussingault, ce fumier perd par la fermentation les neuf
dixièmes de son poids et la moitié de sa valeur fertilisante.

c. Le fumier de bœuf ou de vache est le plus répandu ; il possède des qualités très-utiles pour l'agriculture. La fiente ou *bouse*, ordinairement molle, visqueuse, composée de particules unies par un suc gras, produit dans la terre une action limitée, mais très-assurée. D'un autre côté, cet engrais jouit de l'avantage de supporter toujours et en tout temps une addition abondante de matières putrescibles, telles que des pailles, des bruyères, des feuilles, etc. Ce fumier doit être conservé à l'abri de la pluie et du soleil (1).

d. Le fumier de porc a des qualités non moins bienfaisantes que le précédent. Cet excrément, lié, humide, gras, savonneux, très-putrescible, très-abondant en sucs nourriciers pour les végétaux, est infiniment précieux pour la composition des fumières. Contenant assez d'eau, ce fumier ne sera jamais arrosé ; on fera bien de l'associer au fumier de bœuf.

e. Mentionnons aussi le rôle d'un agent aussi actif qu'essentiel en agriculture : l'*urine*.

Cette déjection, considérée comme engrais, possède de puissantes facultés de fertilisation, dues à un mucus animal qu'elle tient en suspension et à une grande quantité de sels stimulants. Tous ces matériaux forment la moitié de son poids environ (d'après les analyses de Brandt, Fourcroy, Vauquelin, Bersélius), et

_____

(1) On a trouvé que le fumier de mouton contenait : eau, 68 pour cent ; matières à engrais, 24 ; matières stimulantes, 8. Le fumier de cheval : eau, 78 ; matières fertilisantes, 20 ; matières stimulantes, 2. Le fumier de bœuf : eau, 79 ; matières à engrais, 17 ; matières stimulantes, 4.

sont susceptibles de se transformer en aliments pour la végétation.

Toutes les urines ne sont pas absorbées par les litières ; on doit alors leur donner une autre direction tout aussi profitable. Après avoir recueilli l'excédant dans une fosse, on l'étend d'eau ; on laisse fermenter quelques jours, et on emploie ce compost pour arroser les plantes languissantes.

On peut aussi fabriquer avec ce liquide un compost solide, appelé *urate* ; il suffit de jeter dans la fosse de la marne, du plâtre, de laisser durcir ce mélange, plus tard de le réduire en poudre, et de le conserver dans un lieu sec, pour être employé en temps utile.

L'urine pure, jetée sur des balayures de rue, des détritus végétaux, des fumiers pailleux, au moment de transporter ces derniers dans les champs, rend de grands services à l'agriculture dans les sols légers et calcaires surtout.

Telle est la valeur de cet engrais, et celle de chaque fumier en particulier. Avec ces données, il sera facile de veiller convenablement à la préparation de ces matières ; mais leur conservation mérite d'autres soins, une autre étude.

Le mode le plus rationnel d'utiliser le fumier serait, sans contredit, de l'enfouir immédiatement à l'état frais, à la sortie de l'étable ; mais la saison d'un côté, des circonstances climatériques de l'autre, le mode d'assolement ensuite, rendent très-souvent cette opération impossible ; alors on doit l'accumuler pêle-mêle sur un même tas. Dans cet état, l'un recevant de l'autre les qualités qui lui manquent, ce mélange forme un composé propre à toute nature de terrain, à toute culture.

Toutefois, avant d'acquérir ce degré de perfection, il réclame un soin tout particulier qu'il importe de connaître.

Nous devons laisser peu fermenter le fumier ; sans cette précaution, les éléments fertilisants disparaissent, le résidu, en grande partie, est considérablement affaibli, et la preuve, la voici :

« Selon l'importance du tas de fumier à une température moyenne, nous dit un chimiste célèbre, tout ce qui est végétal commence à subir une réaction putride qui a pour effet de dilater, de briser leurs cellules, de mêler leurs sucs, de détruire leur organisation en un mot. Une grande chaleur se manifeste alors, et il se forme un grand nombre de produits, dont les uns restent stationnaires comme des germes pour entretenir la fermentation, y prendre part, éprouver de nouvelles transformations, tandis que les autres se dégagent à l'état de vapeurs chargées de corpuscules très-fins, ou de matériaux en dissolution, se manifestant par une odeur souvent repoussante.

« La production de ces divers éléments n'est pas le seul résultat de la fermentation ; les substances dont la décomposition s'opère ne passent pas immédiatement à l'état de gaz, elles donnent lieu à la formation successive de plusieurs produits de nature huileuse, grasse ou acide. Aussi, quand les circonstances sont favorables, la décomposition ne s'arrête que lorsqu'il ne reste plus de matériaux sur lesquels elle se puisse exercer, et que le volume est considérablement réduit. Alors tous les détritus sont transformés en une matière noirâtre, savonneuse, et la plus grande partie des principes fertilisants perdus ; ceux qui restent ont l'inconvénient d'agir trop vite, et avec trop d'énergie sur la plante (1). »

Donc, le tas de fumier doit fermenter, sans doute, mais modérément, afin que les matières fertilisantes, unies encore aux composés divers dont ils font partie, puissent être assimilées par le végétal quand viendra le moment de les répandre, ou de les enfouir dans la terre.

Pour atteindre ce résultat, on placera le fumier, au sortir de l'étable, non dans une fosse, mais sur un sol de béton ou, à défaut, sur de la terre glaise bien battue. Ce lit, placé au Nord ou à l'Est, sera élevé de 15 à 20 centimètres au-dessus du niveau du sol, la surface de cette plate-forme disposée de façon que tous les liquides s'écoulent sans perte, dans une fosse parfaitement étanche. Le tas sera placé sous un hangar, couvert, si l'on veut, en chaume, en planches, afin de borner l'évaporation. Ce serait d'une bonne pratique d'établir le poulailler sur le tas de fumier. Le tuyau des latrines, dirigé aussi sur la fumière, serait bien à sa place.

(1) Cette puissance végétative, qui est le propre du fumier consommé, avait fait supposer que cet engrais devrait être toujours fabriqué ainsi, c'est-à-dire réduit à cet état de masse noire.

Le tas sera mince, c'est-à-dire que l'on modifiera cette habitude de placer constamment le nouveau sur le vieux. Pour cela on fera plusieurs tas juxtaposés les uns contre les autres, et lorsque la chaleur s'élèvera de 15 à 20 degrés centigrades au plus (il est facile de s'en assurer à l'aide d'un thermomètre placé dans le tas), on l'arrosera avec le purin tenu en réserve dans la fosse, de l'eau pure même, au besoin, s'il le faut.

La connaissance et l'application de ces préceptes suffisent à la confection et à la conservation des fumiers.

On évitera de mettre trop de paille pour litière, le fumier pailleux est peu riche. Il est inutile, ainsi qu'on l'a proposé, de faire usage de sulfate de fer (couperose verte). Cette matière, comme tous les sulfates, jouit bien sans doute de la propriété d'arrêter l'évaporation, de fixer l'ammoniaque, gaz si utile à la vie des plantes, mais, d'après les études de Boussingault, ce sel nuit à l'assimilation du végétal.

Terminons, enfin, en remommandant d'enfouir le fumier aussitôt qu'il est amené dans les champs, et à une profondeur de 15 à 20 centimètres.

§ II. *Amendements en général ; leur application.* — Les fumiers ne suffisent pas pour améliorer le sol, les amendements y contribuent beaucoup, et chacun de ces agents joue un rôle différent.

L'engrais féconde le sol sans l'épuiser, disent avec raison nos chimistes ; l'amendement, au contraire, en portant au sol une substance qui manque à sa composition, lui donne un tel principe d'activité, stimule si bien la puissance de l'engrais, hâte si promptement sa consommation, que la terre serait bientôt frappée de stérilité, si on ne prenait la précaution d'augmenter la dose de l'engrais.

Notons que l'emploi des amendements n'est jamais aussi favorable que dans les sols bien fumés, et que leur effet se fait principalement sentir dès le début de leur application.

Il est à remarquer aussi que nos nombreux et fertiles coteaux, la plupart de nature calcaire, que nos vallées non moins étendues, très-riches en humus, semblent plus particulièrement affranchis de l'usage des amendements, mais la valeur que l'on accorde à ces matières, la nécessité de les appliquer quelquefois à certains sols, nous imposent le devoir de les signaler à l'attention des cultivateurs.

Nous avons étudié ailleurs les irrigations, les transports de terre, le drainage, les labours, qui ne sont autre que des amendements. Ici, nous aidant des savantes études de M. A. Puvis, nous allons examiner ceux qui semblent plus directement propres à modifier la composition du sol.

a. La chaux est le produit de la calcination de la pierre, du marbre. C'est la chaux blanche qui est généralement employée en agriculture ; la chaux grise, appelée hydraulique, contient, ainsi que nous l'avons vu, beaucoup trop d'argile pour être employée en agriculture.

Avant de l'appliquer au sol, on la réduit en poudre,

soit en la laissant quelque temps exposée à l'air dans un lieu couvert, soit en l'aspergeant légèrement d'eau ou, mieux encore, en faisant dans les champs de petits tas que l'on recouvre d'une mince couche de terre.

La chaux exerce une double action sur le sol. D'abord, nous le savons, elle décompose toutes les matières qui se trouvent à sa portée, puis elle neutralise tous les principes acides, produit certains sels minéraux, très-utiles à la vie des plantes, détruit une foule d'insectes, et s'oppose souvent à la rouille, à la carie même du blé. Elle divise en outre les sols, les argiles, ameublit les terres grasses, compactes, rend l'humus éminemment soluble, assimilable aux plantes, et entre enfin pour une forte proportion dans la composition des végétaux.

Dans le Nord, le Sud, et une partie de l'Est de notre Département, où la nature du sol est suffisamment calcaire, l'emploi de la chaux serait désastreux. Mais dans les terres argilo-siliceuses, froides, humides, là où croissent les bruyères, les mousses, l'oseille, dans un défrichement, la chaux donne de très-bons résultats.

Dans un sol bien graissé, au contraire, dans un terrain pauvre, léger, et j'insiste sur ce dernier fait, dans un terrain où le fumier se décompose vite, la chaux est très-défavorable. Une partie de chaux détruit deux parties de fumier long, nous dit un auteur.

Blâmons cette erreur bien accréditée que la chaux

fait la fortune du père aux dépens de celle du fils. Sans doute l'usage de la chaux rend le champ plus productif, mais si on néglige l'emploi du fumier, le sol s'épuisera parce qu'on n'aura pas rendu à la terre tout ce que l'excès de végétation lui aura enlevé.

La chaux peut être répandue seule ou combinée avec des substances végétales ou terreuses, sous forme de compost, jamais avec du fumier d'étable.

On procèdera à l'épandage de la chaux après les seconds labours, et, dans ce cas, avant d'avoir fumé.

La dose varie selon la nature du terrain : elle sera moyenne dans les sols argileux, dans les défrichements, moindre dans les sols humides, et la quantité sera augmentée selon la profondeur des labours. On commencera par huit hectolitres à l'hectare, et on augmentera selon que l'analyse du sol l'indiquera.

On évitera avec le plus grand soin d'employer la chaux qui contient une trop forte quantité de magnésie ; cette substance est un poison pour les plantes.

b. La marne est un composé d'argile, de silice et de chaux, cette dernière dans une proportion variable entre 10 et 80 pour cent. La marne se présente sous divers aspects, tantôt elle est douce, onctueuse au toucher, à grain fin, tantôt, au contraire, son grain est rude, à contexture grossière, quelquefois feuilletée, d'autrefois homogène, liante et compacte ; dans tous les cas, pour que cette matière soit bonne, elle doit éprouver un mouvement effervescent très-prononcé lorsqu'elle est mise en contact avec un acide, le vinaigre, l'acide nitrique (eau forte), par exemple.

C'est à la chaux contenue dans la marne que sont dus les effets de cet amendement. On doit donc, avant de l'employer, s'assurer, par une analyse, à quelle dose la chaux est unie aux autres matières ; on y procède de la manière suivante : on prend 250 grammes de marne très-sèche, on la réduit petit à petit en bouillie avec de l'eau, puis on verse de loin en loin dans ce mélange un peu d'acide nitrique, en ayant soin de remuer avec une baguette en verre. Lorsque toute effervescence a cessé dans ce mélange, on laisse reposer, et ensuite on décante avec soin, on ajoute une ou deux fois de l'eau, on décante chaque fois, et après avoir laissé le résidu s'égoutter et l'avoir fait sécher, le poids qu'il conserve, comparé à celui qu'il avait précédemment, donnera la quantité de chaux contenue dans la marne.

Suivant la recommandation d'un praticien qui fait autorité, la marne doit être portée dans les champs au commencement de l'hiver ; on la dépose en petits tas, on la laisse se déliter par la gelée, et au printemps, après l'avoir répandue, on l'enterre par un labour léger.

Lorsque, dans un champ, on voit l'oseille, le chrysanthème du blé, végéter vigoureusement, on peut être sûr que la marne sera bien appropriée, le sol même fût-il vicieux, pourvu que la marne soit de bonne qualité.

On répand 10 à 12 mètres cubes de marne, chaque année, par hectare.

La marne chauffe les sols, les terrains argileux surtout, elle détruit leur compacité et favorise la décomposition des engrais ; d'un autre côté, elle ruine la terre la mieux constituée, si l'engrais lui fait défaut.

A chaque nature du sol on doit appliquer telle qualité de marne ; dans les terrains sablonneux, nous porterons la marne formée de craie et d'argile ; aux sols argileux, nous donnerons la marne composée de craie et de sable, et les terrains calcaires purs, sans mélange, s'accommoderont bien d'une marne très-argileuse ou d'une argile marneuse.

Le marnage, enfin, diminue la valeur de la terre, si, comme la chaux, elle contient de la magnésie ; la marne ruine la terre encore lorsque son emploi est inconsidéré, si, par exemple, on marne un sol sablonneux avec une marne siliceuse, graveleuse, ou bien si l'on exige constamment du sol la production de plantes épuisantes.

A part ces derniers inconvénients, les pommes de terre, les fèves, le maïs, les prairies artificielles trouvent dans la marne une végétation très-prononcée. Le produit du blé, de la vigne augmente ; les arbres, les plantes potagères même se ressentent avantageusement de ses effets.

c. « Le plâtre ou gypse (sulfate de chaux), appelé aussi par certains agronomes *engrais minéral stimu-*

lant, est une des conquêtes les plus précieuses faites au profit de l'agriculture (1). »

Le plâtre jouit de cette seule faculté d'être absorbé par les plantes, de servir à leur nourriture, surtout de celles qui en ont besoin pour se former (2). Aussi son action se borne aux plantes fourragères, à celles qui ont des feuilles larges : la luzerne, l'esparcette, la vesce, les fèves, le trèfle ; il double le produit des légumineuses aussi, tandis qu'il n'ajoute rien à la végétation du blé.

Le plâtre, rapporte aussi Calvinhac, agit indifféremment, qu'il soit cuit ou cru, puisque, dans un sol qui en contient déjà de naturel, l'addition du plâtre cuit est sans effet.

On répandra le plâtre lorsque les feuilles sont bien développées, le matin, par un temps humide ou après une légère pluie, à la dose de 400 kilogrammes par hectare.

d. L'acide sulfurique (huile de vitriol), en raison du prix modique de ce produit, de l'avantage que l'on a de le répandre pendant la sécheresse comme pendant la pluie, peut remplacer le plâtre. Un litre de

____

(1) C'est Mayer qui, le premier, en 1768, découvrit les effets du plâtre. Franklin, à son tour, a contribué puissamment à le propager.

Le Département, à Varen, Auvillar, Mansonville, possède de bonnes carrières de plâtre.

(2, Gasparin s'est assuré que la luzerne, récoltée dans un champ où le plâtre n'existe pas, renferme très-peu de plâtre ; tandis que ce fourrage en contient beaucoup lorsque le sol a été plâtré.

cette matière étendu dans 50 litres d'eau équivaut par l'effet à 100 kilogrammes de plâtre.

e. Les démolitions de maisons sont d'excellents amendements lorsque ces débris contiennent des mortiers de chaux et sable, du plâtre; ils se comportent à la fois comme stimulants à l'égard des plantes et comme amendements à l'égard du sol. Dans les sols argileux, compactes, ainsi que dans les prairies, ces matières ont des effets très-efficaces.

f. Les décombres de vieux murs possèdent, à leur tour, des propriétés fertilisantes, parce qu'ils contiennent une certaine quantité de détritus végétaux.

g. Les cendres de bois, lessivées ou non, sont, à quelque chose près, les unes et les autres, très-énergiques pour la végétation, parce qu'elles contiennent beaucoup de sels stimulants. Ces amendements entrent non-seulement dans la composition des plantes, mais ils facilitent la décomposition des substancs organiques contenues dans le sol; leur effet se fait sentir principalement dans les prés humides, dans les sols compactes. Les cendres répandues en couverture sur le farouch, au mois de février, activent considérablement sa végétation et la récolte du blé qui succédera à ce fourrage. Dans les sols calcaires, les cendres ont des effets nuisibles.

On répand les cendres à la volée, par un temps calme, à raison de 15 hectolitres à l'hectare, et on les couvre légèrement. Une plus grande quantité serait nuisible. La même dose suffit lorsqu'elles sont employées en couverture.

h. L'eau de lessive, répandue sur une récolte fourragère, agit d'une manière très-prononcée sur la
végétation. Ses effets sont dus aux alcalis qu'elle contient et aux matières animales dont le linge est im-
prégné et qu'elle a dissous.

i. La suie provenant de la combustion du bois agit
comme les cendres. C'est au printemps, par un temps
humide, le matin, que l'on répand cet amendement.
Dans les prés, elle détruit la mousse, le jonc, en pri-
vant ces plantes de l'humidité nécessaire à leur existence, et en donnant aux graminées une force de végétation qui étouffe les plantes parasites.

Excepté dans la culture maraîchère, on peut se
servir de la suie pour sauver de la voracité de certains insectes les plantes qui commencent à lever.

j. Nous employons rarement ici, dans notre Département, les os calcinés ou non, moulus, et ceux provenant des raffineries de sucre, appelés *noir animal.*

Ces matières, enfouies au moment des semailles
dans les sols privés de chaux, sont très-fécondantes.
Sur le blé, le seigle et toutes les céréales, les os produisent un effet semblable à celui dont jouit le plâtre
sur les légumineuses; et, chose remarquable, les os,
dit-on, n'ont aucune action sur les plantes qui se ressentent de l'application du plâtre.

On emploie les os à la dose de 7 à 8 hectolitres à
l'hectare, et par assolement de quatre ans.

k. Le sel marin. — La terre d'un côté, les fumiers
de l'autre, contiennent suffisamment de cette matière
pour satisfaire ordinairement aux exigences des

plantes ; mais il est utile quelquefois d'employer cette substance pour détruire certaines plantes parasites. C'est à raison de 10 hectolitres à l'hectare, entier ou dissous dans l'eau, qu'on emploie le sel ; à une plus grande quantité, toute végétation serait anéantie. Faisons observer que cette dose est indiquée pour les sols calcaires, siliceux ; pour les sols légers, on doit la réduire à 4 ou 5 hectolitres.

Tels sont, parmi les nombreux amendements usités en agriculture, ceux que nous croyons devoir être plus spécialement utiles à notre Département.

CHAPITRE XI

BOIS

Considérations sommaires sur la conservation des bois. — Culture du chêne. — Aménagement des bois de chêne. — Dispositions légales pour la conservation des bois en général. — Mode d'exploitation ordinairement usité dans le Département. — Culture de divers arbres forestiers.

§ I. *Considérations sommaires sur la conservation des bois.* — Hâtons-nous de faire observer que tous nos bois forestiers constituent une seule essence : le chêne, à l'exclusion presque de toute autre, et que nous avons le plus grand intérêt à veiller à sa conservation et à son entretien.

« L'un des produits les plus indispensables de la nature, nous dit un sage économiste, c'est le bois ; il sert à l'homme pour cuire ses aliments, se chauffer, traverser les rivières, les mers. Le bois est aussi nécessaire que l'eau que l'on boit, l'air que l'on respire, le pain que l'on mange. »

Considéré à un autre point de vue, la rareté des arbres, le défrichement des forêts, sont la cause de ces fréquents débordements de rivières, de ces sécheresses brûlantes qui dévorent nos cultures (1). Si le bois venait à disparaître, toute civilisation s'éteindrait, rapporte un sylviculteur distingué.

Le rôle donc que jouent les bois et les forêts dans l'industrie, dans la circulation des eaux, doit être pris en sérieuse considération, et l'État l'a bien compris ainsi en promulguant deux lois : l'une, sur le reboisement des montagnes, en date du 28 juillet 1860, et l'autre, sur le gazonnement, en date du 8 juin 1864.

§ II. *Culture du chêne.* — Parmi les nombreuses espèces connues, nous cultiverons le *chêne pédonculé* et le *chêne rouvre* : l'un et l'autre sont également bons pour le chauffage, les arts et les constructions. Seulement, les ébénistes semblent préférer le rouvre. Une différence existe entre ces deux variétés : l'un, le chêne pédonculé, est plus grand que le rouvre ; son bois, plus lisse, se fend très-facilement. Ses feuilles sont larges, et ses fruits sont portés par un pédoncule, tandis que les feuilles du chêne rouvre sont oblongues, et ses fruits sont disposés par bouquets sur un pédoncule très-court. Le chêne pédonculé est notre chêne blanc du pays ; le chêne rouvre est celui que nous désignons sous le nom de *chêne noir*.

On forme un bois de chênes de deux manières : par semis et par plants ordinairement issus de pépinière.

Par semis. En automne, dans un sol argileux, profond, un peu frais sans être humide, préalablement

(1) « En été, un arbre absorbe 10 litres de liquide en douze heures. Que l'on se figure l'absorption d'une forêt ! »

défoncé, disposé en planches si le terrain est plat, et régalé avec soin s'il est en pente, on jette de 15 à 16 hectolitres de glands à l'hectare, que l'on recouvre de 8 à 10 centimètres de terre. Dans le but d'abriter le jeune plant quand il lèvera, on prendra la précaution de semer en même temps, pour un hectare, un hectolitre de seigle, que l'on coupe plus tard, en juin ou juillet, à moitié tige seulement.

Observons qu'il faut semer dans le même champ, par parties égales, des glands provenant des chênes rouvre et pédonculé; que la semence sera de l'année, bien mûre, et qu'elle aura été recueillie avec soin au moyen de toiles placées au pied de l'arbre, et gaulée légèrement. Si le terrain est maigre, on mêlera non-seulement ces deux variétés de chênes, mais aussi on introduira une autre essence : le hêtre (un vingtième environ), ce dernier ayant la faculté, par ses feuilles, de maintenir le sol frais et de fournir de nombreux détritus.

Quand on voudra établir une pépinière, on prendra les mêmes soins pour la récolte des glands, et on sèmera dans un terrain bien défoncé 28 à 30 hectolitres de glands à l'hectare.

La première année du semis, on se bornera à débarrasser le sol de toutes les plantes étrangères; la seconde et troisième, on sarclera deux fois : la première façon en mars, la seconde en septembre. Les plants destinés à être repiqués seront enlevés par un temps humide, en ménageant le chevelu de la racine, le pivot surtout. Chaque plant sera éloigné l'un de l'autre d'un mètre en tout sens.

Après quatre ans de plantation, on élague, on coupe tous les gourmands, et on laisse un seul brin sur chaque tige. A dix ou douze ans, le bois prend le nom de *taillis;* alors commence cette série d'opérations connues sous le nom d'*aménagement des bois.*

§ III. *Aménagement des bois de chêne.* — On désigne ainsi l'art de tirer le meilleur parti des bois, et de les conserver dans un bon état d'entretien, de prospérité et de repeuplement; on se rappellera que l'aménagement est à un bois ce que l'assolement est à une exploitation rurale.

Les bois se divisent en trois classes : 1° en taillis simples : tel est le bois qui est privé d'arbres de réserve ; 2° en taillis composé : celui qui est entremèlé d'arbres de réserve, et 3° en futaies : celui qui ne contient que des arbres séculaires.

On classe, en outre, les arbres en quatre âges. Ainsi, on donne le nom de *baliveau* à ce brin de taillis que l'on laisse exister après la première et même après la deuxième coupe. Jusques à quarante ans, cet arbre conserve le nom de *baliveau;* après cet âge, jusques à quatre-vingts ans, le baliveau prend le nom de *moderne,* et, de quatre-vingts à cent cinquante ans, on l'appelle *ancien,* pour prendre le nom de *vieille écorce* lorsque cet arbre dépasse ce dernier âge.

A quel mode d'aménagement devons-nous nous arrêter sans nuire à nos intérêts et à celui de la végétation ?

Le régime du taillis simple ou à *blanc étoc* est vicieux, et nous n'hésitons pas à le proscrire. Sans doute, en coupant le bois à huit ou dix ans, le propriétaire jouit d'un revenu prématuré. Ce mode d'exploitation donne aussi la faculté de repeupler, de remplacer les manquants, d'enlever les souches mortes, d'ouvrir ou curer les fossés, les rigoles d'asséchement; mais les résultats que procure ce régime sont si médiocres, il tend tellement à l'appauvrissement du sol, dans un terrain maigre surtout, que l'on est bien coupable, bien téméraire, d'entreprendre ou de continuer ce mode d'aménagement.

L'exploitation, au contraire, par *taillis composé*, méthode qui consiste à laisser des arbres en réserve, réunit l'avantage du taillis simple et de la futaie.

Dans ce mode d'exploitation, on aura le soin à chaque coupe, qui aura lieu de vingt-cinq à trente ans, de laisser les baliveaux nécessaires au remplacement des *modernes* ou *vieilles écorces*, *déshonorés* (1), *couronnés* ou *morts*.

Le nombre des baliveaux à laisser repose sur la fertilité du sol, et sera calculé de manière que le couvert de ces arbres, arrivés à l'âge de modernes, ne s'étende pas au delà du vingtième de la superficie du sol. La plus-value que ces réserves acquièrent lorsqu'elles sont arrivées à une troisième ou quatrième révolution sera assez rémunératrice pour compenser

______

(1) On désigne ainsi l'arbre qui a perdu la tête.

largement la somme des intérêts perdus et le préjudice causé au sous-bois.

Nous parlerons peu de l'exploitation d'un bois par la méthode de la futaie. Peu de propriétaires sont à même d'entreprendre la création d'une futaie, qui demande un siècle pour se former, deux au moins pour être en valeur. Une commune ou l'État doivent seuls disposer de ce régime. A part ces considérations, l'arbre aménagé en futaie assure la plus grande production de bois d'œuvre et de chauffage.

C'est en hiver, et par un temps sec, que nous recéperons nos bois, en coupant le brin au-dessus du collet. A cette époque aussi, nous procéderons aux éclaircies des taillis, lorsque ceux-ci auront acquis quatre ans d'âge ; nous pratiquerons ensuite, plus tard, des élaguages aux troncs des réserves, pour faciliter l'accès de l'air, de la lumière, et leur donner une forme régulière et d'aplomb, afin d'éviter des éclats, des torsions, accidents qui donnent naissance à ces maladies connues des forestiers sous le nom de *roulure*, de *cadranure*.

Rappelons, en terminant, les appréciations d'un homme très-compétent sur la matière, à propos de l'exploitation des bois ; on verra que le revenu est d'autant plus élevé, le sol moins épuisé, que la coupe est retardée.

« Le capital placé dans une terre boisée se compose, à un âge quelconque, du bois, de la valeur du fond, de la valeur sur pied du matériel ligneux, de la somme nécessaire pour fournir aux frais annuels d'entretien,

d'impôt, des intérêts eux-mêmes accumulés aux intérêts.

« Le revenu est l'accumulation des accroissements
annuels que le bois a pris depuis sa naissance, et ce
revenu s'accroît chaque année de la valeur d'une
pousse, augmentée de la plus-value acquise par le
bois en vieillissant.

« Or, chaque année, le rapport entre le revenu et
le capital varie selon la quantité acquise par le bois;
de telle sorte que, à un moment donné, le matériel
ligneux s'élèvera à une valeur bien supérieure à la
somme que l'on aurait pu réaliser un an ou quelques
années plus tôt, cette somme augmentée même de la
valeur du bois qui serait reproduite si l'exploitation
avait eu lieu un an ou quelques années avant. »

§ IV. *Dispositions légales pour la conservation des
bois.* — La conservation des bois ne pouvait échapper
à la sollicitude de l'État.

Vers le commencement du xvie siècle parurent des
ordonnances qui fixèrent les révolutions et les amé-
nagements des bois, et ce fut principalement l'ordon-
nance de 1669 qui généralisa définitivement, dans les
forêts royales et de gens de main-morte, la gestion
forestière. Si ce régime avait indiqué les conditions du
repeuplement, il eût laissé bien peu à désirer, car il
fait époque dans la sylviculture.

Aujourd'hui, notre Code forestier réglemente la
matière. D'abord, dans les articles 17 et suivants du
titre VIII, on trouve les dispositions à prendre pour
la garde des bois, et puis la police et la conservation

des bois sont largement sauvegardées par les articles 144 et suivants, légèrement modifiés, en ce qui concerne le dernier paragraphe, par la loi du 18 juin 1859.

§ V. *Mode d'exploitation généralement usité dans le Département.* — Le bois est rare, et on le rend plus rare en l'exploitant de six à douze ans, moment où il a peu de valeur. Rarement, pour le couper, on attend quinze ans, époque encore bien loin de sa maturité ; plus rarement, vingt-cinq ans, où commence sa virilité.

De cette pratique résulte un grand préjudice, parce que la pesanteur du bois augmente avec l'âge ; et le degré de chaleur est toujours relatif au poids du bois à sa maturité.

C'est pendant et après sa virilité que le bois possède la plus grande valeur ; c'est à ce moment qu'il convient de le couper.

§ VI. *Culture de divers arbres forestiers.*

a. Culture du hêtre. — Cet arbre vient dans tous les terrains, mais les sols frais, argileux, exposés au Nord, lui conviennent. Avec ses racines traçantes, il peut exister sans inconvénient dans un terrain maigre, peu profond. On le multiplie par semis ; son fruit, appelé *faine*, sert à nourrir les porcs.

b. L'orme. — Parmi les trois variétés d'ormes : le *champêtre*, le *tortillard* et des *montagnes*, nous cultiverons le premier.

Cet arbre croît dans tous les terrains qui ne sont

pas humides; il aime d'être seul. Son bois est tenace, élastique et d'une durée égale à celle du chêne, quand il est employé dans les lieux humides surtout.

On le multiplie par graines, et on recèpe à la quatrième année.

L'orme *tortillard* drageonne beaucoup. L'orme des *montagnes*, plus connu sous le nom d'*orme blanc*, est mauvais pour la charpente, le charronnage et autres travaux.

c. Le *robinier*, appelé vulgairement *faux acacia*, est un bel arbre forestier importé récemment de l'Amérique. Nous cultiverons le *robinier commun* dans un terrain maigre siliceux, mais à sous-sol sec.

On renouvelle l'*acacia* par semis, par drageons, par des plants aussi issus de pépinière; ou bien, si l'on veut, par tronçons de racines.

Par ce dernier mode de renouvellement, on procède de la manière suivante : de l'arbre que l'on veut multiplier on prend, en mars, des racines que l'on divise par éclats de 10 à 12 centimètres, et que l'on plante droits ou inclinés; on les couvre entièrement de terre, et on arrose de temps en temps. En automne, les pousses ont acquis un mètre de hauteur (1).

Le bois de l'acacia est très-estimé, et ses racines traçantes le proscrivent des bords des champs cultivés.

d. Le *platane*. — Bien que cet arbre ne figure ja-

____

(1) *Encyclopédie de l'agriculteur.*

mais dans nos forêts, nous devons parler de sa culture.

Le platane, par sa tige droite et cylindrique, peut acquérir une grande dimension ; sa cîme se ramifie considérablement, et ses feuilles larges, épaisses, forment un beau bouquet.

On connaît deux espèces de *platanes :* le *platane* d'*Occident*, qui vient dans les terrains humides, et le *platane d'Orient*, plus délicat, mais qui se préfère dans les terrains secs et profonds ; c'est, au reste, ce dernier que nous devons cultiver.

Cet arbre produit une grande quantité de graines ; mais il est préférable de le multiplier par *marcotte* ou *bouture*.

Son bois est de mauvaise qualité ; mais, si on le plonge dans l'eau immédiatement après avoir été débité, on l'emploie utilement comme bois de charpente.

e. L'ailante, appelé mal à propos *vernis du Japon.* — Nous cultiverons l'*ailante glanduleux*. Cet arbre forestier s'accommode de tous les terrains, croît rapidement, et vit plus d'un siècle. Son bois, d'une couleur blanc-satiné, d'un tissu serré imitant l'*érable*, est employé avec avantage pour le chauffage, la menuiserie et l'ébénisterie.

Par ses racines horizontales, l'*ailante* possède la faculté de pousser de nombreux drageons à de grandes distances ; aussi, s'il doit être éloigné des champs cultivés, des habitations principalement, on peut l'utiliser avantageusement pour remplir les vides et les clairières des taillis, et sur les sols en pente pour retenir les terres.

On reproduit cet arbre par semis et par boutures, ou mieux par drageons.

C'est la feuille de cet arbre que l'on a proposée pour remplacer celle du *ricin* dans l'éducation du *bombyx cynthia* (ver à soie).

f. Le *frêne commun*, le seul que nous devons cultiver, se trouve bien dans les sols frais, profonds, graveleux; on le trouve disséminé quelquefois dans nos taillis, mais il ne forme jamais un massif, comme le chêne, le hêtre.

La graine du frêne ne germe que dix-huit mois après sa maturité; aussi, pour renouveler cet arbre, on fera bien de planter de hautes tiges.

Son bois, par son élasticité et sa ténacité, est très-recherché pour le charronnage.

g. Le *tilleul* veut un sol calcaire; il craint les terrains trop secs.

On connaît deux variétés de tilleuls : l'une à grandes, l'autre à petites feuilles; le premier prend un plus grand développement.

Le *tilleul* ne peut être propagé que par graine, et celle-ci a l'inconvénient de ne germer que la seconde année, et le plant ne peut être repiqué que la deuxième année aussi.

Son bois est bon pour le menuisier, le sculpteur.

h. L'*érable*. — Cet arbre, comme le platane, occupe une très-faible place dans nos peuplements forestiers ; cependant, nous devons nous en occuper.

L'*érable* constitue cinq variétés; nous cultiverons seulement l'*érable champêtre*, celui que nous trouvons sur la lisière des bois, parce qu'il est susceptible d'être traité en taillis et en futaie. On le connaît à son écorce qui ressemble à du liége, ses jeunes pousses surtout. Cet arbre recherche les sols frais, fertiles, à base calcaire ; les fonds humides lui sont contraires.

L'*érable* se renouvelle par semis ; on forme la pépinière en automne, et on repique le plant à l'âge de 7 à 8 ans.

Le bois de l'érable se tourmente peu, n'est pas sujet à la vermoulure, et est très-estimé par les luthiers, les tourneurs.

i. Le *châtaigner*. — Ici, à part l'extrémité Est du Département, à Parizot, Neuvialle, Castanet, nous cultivons peu le châtaigner comme arbre forestier, tandis que, dans un assez grand nombre de localités, à Vaissac, par exemple, on traite cet arbre en taillis sous le nom de *châtaigneraie* ; exploité ainsi tous les 10 à 12 ans, il donne de très-grands produits sous forme d'échalas et de cercles de barriques.

Le châtaigner ne réussit bien que dans les sols meubles, légers, profonds, un peu frais, sur le flanc des coteaux, au milieu même des rochers, entre lesquels les racines rampent et vont trouver l'humidité.

Cet arbre se multiplie par semis. A cet effet, on conserve la châtaigne dans du sable jusques fin février ; à ce moment, on fait tremper ce fruit pendant deux heures dans une dissolution de suie, et on le plante la pointe en bas, le recouvrant de 10 centimètres de terre.

La pépinière doit être sarclée souvent pendant les

deux premières années ; la troisièm e, en automne. Si l'on veut établir une châtaigneraie, on repique le plant en place en le mettant à 1 mètre 50 de distance l'un de l'autre et de chaque côté. On doit prodiguer les labours à ces jeunes plants jusqu'à l'âge de six ou sept ans. A cet âge, on les recèpe à la fin de l'hiver, et on sarcle souvent encore.

Plus tard, à dix ou douze ans, on exploite la châtaigneraie ; mais on ne peut compter sur un produit avantageux qu'à partir de la seconde coupe.

Lorsque la recrue est arrivée à l'âge de quatre ou cinq ans, on procède au recurage en enlevant tous les gourmands et les tiges mortes ou déracinées.

Le châtaigner destiné à devenir arbre forestier sera planté à l'âge de six à sept ans sans être étêté, après avoir été greffé en pépinière ; chaque pied distant l'un de l'autre de 15 mètres, parce que son bouquet souffre du voisinage d'un autre arbre.

j. Le *peuplier.* — Cet arbre compte sept variétés : le *peuplier blanc, tremble, grisaille,* de *Virginie,* du *Canada, pyramidal* et *noir.* On les trouve tous dans ce Département ; nous devrions nous borner seulement à la culture du *peuplier blanc,* du *tremble* et du *grisaille.*

1. Le *peuplier blanc,* parce que la face inférieure de ses feuilles est blanche, appelé aussi de *Hollande,* à racines traçantes, vient dans les terrains légers, frais, sur les bords des cours d'eau ; il croît rapidement, se reproduit très-facilement par bouture. Son bois, mou, léger et homogène, est très-estimé par les menuisiers.

2. Le *peuplier tremble*, à cause de l'extrême mobilité de ses feuilles, se trouve bien des sols légers et frais, se reproduit par drageons, par boutures. C'est le peuplier tremble qui est la seule espèce forestière du genre.

Cet arbre croît vite ; son bois résiste longtemps à l'humidité, et donne une flamme très-vive.

3. Le *peuplier grisaille* est un hybride des deux précédents ; il s'accommode des mêmes terrains. On le connaît à ses jeunes pousses d'une couleur grisâtre ; son bois est inférieur aux *peupliers blanc* et *tremble*.

4. Le *peuplier de Virginie* ou *de la Caroline* est remarquable par ses branches étalées et ses grandes feuilles ; il est doué d'une végétation rapide dans les terrains mous et sablonneux. Son bois est très-utile dans les charpentes.

5. Le *peuplier du Canada* a beaucoup d'analogie, pour la culture et le produit, avec le précédent ; il diffère seulement par ses feuilles, qui sont plus allongées.

6. Le *peuplier pyramidal* ou *d'Italie* se trouve bien dans les bas fonds ; sa croissance est lente, son bois de médiocre qualité.

7. Le *peuplier noir* ou *franc* est remarquable par sa taille ; il vient dans les sols légers, humides. Ses jeunes bourgeons sont résineux ; son bois est poreux, mou et d'un travail difficile.

On propagera le peuplier par *marcotte*, en plantant dans la terre une branche que l'on étête, ou à laquelle on laisse le rameau supérieur pour former la tête du nouvel arbre.

m. Le *saule*. Parmi les nombreuses variétés que possède le genre saule, nous cultiverons le *saule blanc* et le *saule marceau cendré à grandes feuilles*.

Ces arbres croissent dans tous les terrains, dans les forêts même, mais principalement sur les bords de tous les cours d'eau.

1. La végétation du *saule blanc* est rapide, son bois est d'un rouge tendre, et l'aubier blanc ; on peut le cultiver en oseraie dans les terrains qu'il s'agit de consolider, et dans les travaux d'endiguement.

2. Le *saule marceau* croît encore plus rapidement que le précédent. On le cultive en têtard, lorsqu'il s'agit de garnir un terrain nu. Son bois est rouge, vineux, et son écorce d'un gris verdâtre à surface lisse.

n. L'*osier* est un arbuste du genre saule que l'on cultive à cause de la flexibilité de ses brins.

Nous choisirons l'osier *viminal*, l'*incane*, des *vignes* et le *rouge*.

1. Le premier, l'osier *viminal*, a des rameaux droits, son écorce est tantôt verte, tantôt blonde ou violette presque ; cet osier est le plus estimé.

2. L'osier *incane* ressemble au précédent, seulement ses feuilles sont moins longues et sont cotonneuses en dessous, et non soyeuses. Ses jets sont grossiers.

3. L'osier des vignes a ses feuilles soyeuses en dessous, son écorce jaune, les brins sont très-souples et longs.

4. L'osier rouge a les feuilles grisâtres en dessous,

sans poils ni duvet, son écorce est d'un rouge orange, ses rameaux droits, sans branches, acquièrent une grande taille dans de bons terrains ; la tonnellerie les recherche beaucoup.

S'il s'agit d'établir une oseraie, on défonce complétement le sol en hiver. Au printemps, on tasse le sol au moyen d'un rouleau, et on plante en bouture.

Les plançons auront une longueur de 25 à 30 centimètres, pris sur de gros et vigoureux brins de deux ans, si c'est possible, et on les enfonce jusqu'au ras du sol en les espaçant de 50 à 60 centimètres en tous sens.

Plus tard on débarrasse l'oseraie de toute plante parasite, et à la fin de l'hiver on recèpe le plant.

On ne conduira jamais dans l'oseraie les bœufs, encore moins les moutons ; ces animaux ont l'inconvénient de piétiner le terrain et de dévorer les jeunes pousses.

Les vers blancs et gris, à leur tour, mangent les racines la première année de la plantation ; les limaces aussi sont non moins dévastatrices en détruisant les jeunes rameaux.

Malheureusement, nous ne connaissons pas de moyens pour défendre l'oseraie de tous ces ennemis.

CHAPITRE XII

De la culture maraichère et des divers produits maraichers.

§ Ier. *De la culture maraîchère.* — La culture maraîchère est définie par des auteurs praticiens, que
nous consulterons souvent (1) : une agriculture per-
fectionnée exigeant les mêmes connaissances, sur la
nature du sol, les défoncements, les assolements.

Dans chacune de nos propriétés rurales nous éta-
blirons un jardin potager. Nous le placerons non loin
de nos habitations, à l'Est, si c'est possible, sur une
légère pente, dans un lieu où l'eau ne manquera pas,
à proximité, par exemple, d'une mare (appelée
vivier), ou d'un cours d'eau aussi mince qu'il soit (2);
nous le clôturerons par des murs en maçonnerie ou
en pisé, parce qu'ils auront l'avantage de servir
d'abri aux plantes.

Un terrain profond à sous-sol perméable, léger,
avec un peu de consistance sans être compacte, et

(1) Charles Naudin, A. Dumas.

(2) Nous connaissons la valeur des eaux courantes et nous savons
qu'elles sont préférables aux eaux de source pour l'arrosage des plantes.

exempt d'humidité, est le seul convenable à la culture maraîchère. Ici, comme dans la culture ordinaire, nous amenderons le sol s'il y a lieu (1), mais pour les engrais on se gardera d'appliquer à cette culture certains agents fertilisants, tels que les produits des fosses d'aisance, la suie ; ces matières, sous quelque forme qu'on les emploie, altèrent considérablement la qualité des légumes.

Le terrain sera parfaitement ameubli par des défoncements, et des labours faits à l'aide de la houe, de la bêche, du pelleverse ; avec ce dernier instrument on évite de fouler la terre travaillée.

On établira la rotation des cultures de manière qu'une plante à racines pivotantes succède à une plante à racines traçantes ; qu'une plante n'en remplace pas une autre de la même espèce ; ce principe, ou cette dernière condition, est immuable, bien que pour cette culture on prodigue le fumier.

Nous planterons des arbres fruitiers dans les carreaux, et en palissade contre les murs. Nous espacerons assez ceux qui sont dans les plates-bandes ou les carreaux, afin qu'ils ne projettent pas trop d'ombre sur les légumes.

Il est encore certaines pratiques horticoles, certains procédés nécessaires à la culture maraîchère, que nous devons indiquer.

a. Ainsi, si l'on dispose en pente une certaine

-----

(1) Nous connaissons tout le parti que l'on peut retirer des amendements pour modifier la nature du terrain.

étendue de terrain, et qu'on lui donne une exposition telle que le côté qui regarde le Nord soit plus élevé que le côté opposé, on obtiendra des légumes qui seront en avance de plusieurs jours sur ceux qui croissent en pleine terre. Cette disposition du sol s'appelle *cotière*.

b. Si, dans une fosse, on met par couches successives, fortement tassées, du fumier de cheval principalement, et des feuilles d'arbre, et que l'on recouvre ces matières d'une légère couche de terre, là aussi on obtiendra une végétation très-hâtive. On désigne ces mélanges sous le nom de *couches*.

c. On élèvera d'autant la puissance végétative de ces couches, en les entourant d'un coffre muni d'un châssis vitré et mobile, celui-ci garni d'un paillasson, disposé à être roulé et déroulé à volonté.

d. La végétation sera encore plus active, si on place de temps en temps autour du coffre une certaine quantité de fumier ; comme aussi on donnera plus de chaleur à la plante par l'emploi d'une sorte de vase en verre connu sous le nom de *cloche*.

§ II. *Des divers produits maraîchers.* — Les produits maraîchers sont divisés en deux catégories. Dans l'une, on classe tous les végétaux dont les feuilles, les tiges ou les racines sont comestibles, tels que les choux, les carrottes, etc. ; dans la seconde, on place ceux qui se rapprochent le plus des arbres fruitiers, tels que les fèves, les haricots, etc.

A. *a.* Le *chou.* Ce légume, en raison de la bonté ou

de l'abondance de ses produits, doit occuper la première place dans le jardin.

Il nous importe peu de savoir à quelles races ou à quelles sous-races appartiennent les choux que nous devons cultiver, apprenons seulement les variétés qui sont le mieux appropriées à nos usages, à notre sol.

En premier lieu nous cultiverons le *chou bacalan*, ou *gros cœur-de-bœuf*, le *saint Denis*, le *Strasbourg*, le *joanot*, et le *chou d'Iork*. Toutes ces variétés se sèment à plusieurs époques de l'année ; on les transplante lorsque la tige a trois ou quatre feuilles, à 60 ou 70 centimètres en carré.

Puis nous cultiverons le *chou d'hiver frisé*, le *milan frisé d'Agen*, le *romain*, et le chou de *Bruxelles*. On les sème en mars pour les provisions d'hiver.

Le *chou-fleur tendre*, le *demi-dur de Paris*, le *chou brocolis, mamouth et blanc*, se sèment en mai et juin dans une terre légère et bien fumée. Ces choux exigent pour leur croissance une grande quantité d'eau. A mesure que la pomme se développe, on doit pratiquer le cassement sur les feuilles de l'intérieur afin de les garantir du soleil. Le *chou brocolis*, placé dans une bonne exposition, est très-précoce.

Le chou est une plante épuisante et demande une très-forte quantité de fumier d'étable. La chaux pulvérisée, répandue par un temps pluvieux, sur la plante ou sur le terrain lui-même, produit de bons effets. Les plantes qui succèdent aux choux deviennent très-vigoureuses.

b. Dans le jardin nous cultiverons la *rave à collet rose,* ou la *blanche plate ;* on peut la semer indifféremment, soit dans un terrain nu bien défoncé, bien fumé, ou à la dérobée dans un carreau cultivé en *haricots, tomates, aubergines.* Dans ce dernier cas on prendra la précaution de donner un coup de râteau et d'arroser pour faciliter la germination. On sèmera fin août, et on emploiera la graine de deux ans.

Le *navet blanc,* le *rouge hâtif,* celui d'*Alsace,* ou de *Moux,* seront cultivés de même.

c. Le *radis* s'accommode de tous les sols, cependant il préfère un terrain un peu humide. La terre sera piétinée avant de recevoir la graine, et celle-ci recouverte légèrement. On sème le *radis* en tout temps ; il exige de fréquents arrosages, et peut être associé aux *carrottes,* aux *oignons,* aux *salsifis,* aux *scorsonères.*

On cultive ainsi toutes les variétés de printemps et d'été, telles que le *rose,* le *blanc hâtif,* le *long écarlate.* Le *radis d'hiver* se sème en juillet et août.

d. La *carrotte.* Les variétés qu'il convient de cultiver sont la *carrotte rouge demi-longue,* la *rouge courte hâtive,* et la *grosse rouge longue.* Ce légume aime un terrain gras, profond et bien fumé. Afin d'éviter la dégénérescence de l'espèce, car la carrotte tend toujours à retourner à son type sauvage, on doit faire en mai un semis très-clair, et le destiner à produire graine.

On sèmera la carrotte à la volée ou en lignes, depuis février jusqu'en septembre, en ayant soin d'associer aux semences des graines de *radis hâtif*, ou de *laitue*, pour favoriser la germination. Le semis fait avant le mois d'août sera recouvert d'une légère couche de paille. La plante, arrivée à 10 ou 12 centimètres de hauteur, sera éclaircie et espacée à 10 centimètres de distance. De fréquents arrosages sont nécessaires à la prospérité de la plante.

e. Le *céléri*. On cultive deux variétés de *céléri*, l'un dont les *feuilles* et les *côtes* sont comestibles ; l'autre appelé *céléri-rave*, parce que les racines seules sont les parties bonnes à manger.

On doit semer le *céléri* en mars sur couches, et le répiquer à 10 centimètres de distance, lorsque la plante a 15 ou 20 centimètres de taille; plus tard on le place sur deux rangs dans des fosses longues, profondes de 20 centimètres, et on ombre le plant pour faciliter la reprise. On le butte à mesure qu'il grandit et on l'arrose fréquemment avec du purin de fumier.

Le *céléri-rave* exige les mêmes soins, seulement il sera cultivé en planches à 20 centimètres de distance.

f. Le *persil*. Nous recommandons la culture du *persil commun*, du *persil frisé*, du *nain très-frisé*, et du *persil anglais à grandes feuilles*. On le sème en tout temps, pendant la belle saison, dans une terre douce, profonde, au pied d'un mur principalement exposé au Midi. La graine doit être foulée dans la terre. Les pieds seuls de deux ans portent graine.

g. Le *cerfeuil*. On le sème dans une terre douce,

exposée au Midi, depuis février jusques fin août. Pour conserver cette plante à l'état frais pendant tout l'été, il suffit de couper souvent ses extrémités.

h. Le *panais* demande les mêmes soins de culture que la *carrotte*, avec laquelle ce légume a beaucoup de ressemblance. On doit seulement enterrer la graine plus profondément, et espacer le plant à 30 centimètres.

i. La *laitue*. Aucun légume n'a produit par la culture plus de variétés. On reconnaît pourtant deux types principaux : la *laitue pommée* et la *laitue romaine*, ou *chicon*.

La première, à forme ronde, aplatie, se divise en trois groupes, qui sont : les laitues de printemps, connues sous le nom de *petite blonde, cordon-rouge, dauphine;* la laitue d'été, appelée *blonde de Turquie,* et la laitue d'hiver, appelée *laitue crêpée,* de *passion* et *petite noire.*

La seconde est connue par ses feuilles droites allongées; elle possède un grand nombre de variétés, entre autres la *romaine,* la *verte,* la *blonde,* la *maraîchère* et la *rouge d'hiver.* On fera bien de lier les feuilles cinq à six jours avant de les consommer.

La laitue se trouve bien d'une terre légère bien fumée, et de fréquents arrosages. On arrosera surtout la plante porte-graines.

j. La *chicorée* forme deux variétés, la *chicorée frisée endive,* et la *scarole.*

On sème cette plante très-dru depuis mai jusques

fin juin sur couches, pour être mise en place chaque mois dans un sol léger, profond ; avant de le planter il faut prendre la précaution de laisser souffrir un peu le plant, de le mettre à 25 ou 28 centimètres de distance, de couper les feuilles à 10 centimètres du collet, d'arroser copieusement, et de l'abriter du soleil ; plus tard on le blanchit en liant ses feuilles pendant cinq à six jours, ou en couvrant la plante entièrement au moyen d'un tube en terre cuite, long de 25 à 30 centimètres.

h. Le *cardon* rappelle le goût de l'*artichaut*, et ne se multiplie guère que de graine.

On creuse, à 80 centimètres de distance, des trous que l'on remplit de terreau, et dans chacun on dépose une graine.

Lorsque les feuilles ont acquis 80 centimètres de développement, on les réunit par leur sommet, à l'aide d'une ligature, et on les enveloppe dans une chemise de paille, si mieux on n'aime coucher la plante sur place, et la couvrir de terre pendant 15 à 20 jours.

i. L'*artichaut.* Nous cultiverons le *vert de Provence*, le *camus de Bretagne* ou le *violet hâtif,* et nous lui donnerons une terre fraîche, fertile.

On peut reproduire l'artichaut par graine, mais nous donnerons la préférence au marcotage.

En automne, on détache d'une souche mère un œilleton muni d'un talon, et on le plante 4 à 5 jours après dans un terrain défoncé, bien fumé par un engrais pailleux ; chaque pied doit être placé à un mètre de distance. L'année suivante, et dans la même saison, on déchausse le pied et on enlève les pousses le plus près possible des racines ; on l'entoure de fumier, ou mieux, si c'est possible, de sang liquide ou coagulé, tel qu'on le trouve dans les abattoirs.

m. Le *salsifis*. Sera semé en lignes en février ou mars, dans un sol très-meublé, arrosé et fumé de longue date. Bien que le *salsifis* soit une plante indigène, bisannuelle, et que la *scorsonère* soit originaire d'Espagne, nous donnerons à l'un et l'autre les mêmes soins de culture, et nous ne procèderons à leur récolte que la seconde année.

n. L'*oseille*, plante très-rustique, demande peu de soins de culture. On la sème au printemps en planches ou en bordure, mais ordinairement on la multiplie par éclats. Cette plante aime les sols légers, ni trop secs ni trop humides. Les variétés préférées sont : *l'oseille vierge à feuilles larges et peu acides*, *l'oseille à feuilles cloquées* et *l'oseille des neiges*, celle-ci ayant la faculté de végéter pendant les plus grands froids.

o. Les *épinards*. Nous donnerons le choix à l'*épinard gaudry*, ou mieux encore à l'*épinard d'esquermes*, tous les deux à feuilles larges et à graines lisses.

Plante de courte durée, la graine sera semée clair et tous les mois, depuis mars jusques fin octobre, en rayons espacés de 20 centimètres dans une terre ameublie, fumée, et dont la surface sera élevée de 20 centimètres au-dessus du niveau ordinaire du sol.

Quelques sarclages, des arrosages, et l'étêtage avant la floraison, sont les seules conditions de culture. Cette plante possède des pieds mâles et femelles, ces derniers seuls portent graine.

p. La *betterave.* On cultive dans le jardin soit la *petite rouge,* ou la *jaune de Castelnaudary,* soit la *jaune commune* ou bien la *jaune des Barres.*

Dans une terre bien fumée, bien ameublie, on place les graines à une distance de 30 centimètres seulement ; par ce moyen on obtiendra des racines d'une grosseur moyenne, relativement plus sucrées que les grosses.

q. La *bette,* ou *poirée,* variété de la betterave, devrait être plus répandue. On la sème en avril, très-clair, dans un terrain fumé à l'avance. Bien cultivée, la *bette* donne une pétiole de 10 centimètres de large.

r. L'*ail.* Nous le planterons en novembre dans une terre douce et franche ; on aura soin de le couvrir d'une légère couche de fumier. Si le mois de mars est trop sec, on l'arrosera, on l'inondera presque, mais une seule fois ; après la récolte, on le laissera quelque temps exposé au soleil.

Plus peut-être que toute autre plante, l'ail a besoin de changer de sol chaque année ; son retour, en un mot, sur le même terrain ne devrait avoir lieu que tous les six ans.

s. L'*oignon.* Parmi les nombreuses variétés, nous cultiverons le *blanc,* le *rouge,* le *jaune ;* ce dernier doit être préféré, parce qu'il se conserve longtemps.

On sème l'*oignon* en septembre, à la volée, en planches, dans une terre légère, bien piétinée, et on arrose jusqu'à la germination.

En mars ou avril, on plante à 20 centimètres de distance dans un sol bien préparé, bien fumé d'avance, et on arrose souvent. Pour porte-graines, on plante, en octobre, quelques oignons.

u. L'*échalotte*. En février ou mars, on plante ses bulbes dans une terre légère, douce, bien fumée. La récolte a lieu lorsque les feuilles sont fanées.

v. La *ciboule*, plante très-vivace, prospère dans tous les terrains, dans toutes les expositions ; ne demande aucun travail, se multiplie par cayeux que l'on plante en mars et en bordure. La récolte n'a lieu que la seconde année.

x. Le *poireau*, plante bisannuelle, aime les terres substantielles et fumées une année d'avance. Il craint le fumier d'étable, s'accommode mieux de celui d'écurie, des cendres lessivées ou de détritus végétaux.

On le sème en septembre, et on le transplante au printemps, après avoir coupé les radicelles et les feuilles.

Les meilleures variétés à cultiver sont le *poireau long ordinaire*, le *jaune du Poitou* et le *gros-court de Rouen*.

y. L'*asperge*. Nous cultiverons l'*asperge verte* et l'*asperge violette* ou *de Hollande*.

Pour former une planche d'asperges, on sème en place, ou bien on prend le plant en pépinière. Ce dernier mode est préférable.

En octobre, sur un lit de broussailles placé à 70 centimètres en contre-bas du sol, on étend 50 centimètres de terre ; là on creuse des venelles de 25 centimètres de profondeur, et chacune à un mètre de distance. Dans ces venelles on étend une couche de fumier (de cheval, si c'est possible), peu consommé, et sur lequel on jette 3 à 4 centimètres de terre, pour recevoir la griffe, que l'on dispose dans chaque venelle en diagonale (zigzag), chaque pied distant l'un de l'autre de 30 centimètres seulement. On termine par jeter une légère traînée de terre, et par-dessus une couche de fumier épaisse de 8 à 10 centimètres au moins.

Tel est le meilleur mode de plantation de l'asperge. Chaque année, il suffit de sarcler aussi souvent qu'il sera utile de débarrasser le plant de toutes les herbes parasites qui tendront à l'envahir, et, au mois d'octobre ou novembre, de faire glisser une légère partie de terre qui est tenue en réserve sur les côtés des venelles, et enfin de couvrir le tout d'une bonne couche de fumier.

Ce moyen, on le voit, dispense de déchausser le pied chaque année, opération très-souvent funeste à l'existence de l'asperge.

On ne procédera à la récolte qu'après la troisième année de la plantation.

z. La *pomme de terre*. Ainsi que nous l'avons dit ailleurs, bien que ce légume ne constitue pas une espèce à part, nous cultiverons la *pomme de terre naine hâtive*, la *fine hâtive*, la *marjoline*, la *quarantaine* et la *blanchard*, celle-ci très-productive. Si, en février, dans un sol sablonneux, nous plaçons quelques tubercules en les recouvrant de fumier, nous aurons des pommes de terre très-hâtives. On peut aussi obtenir des pommes de terre plus précoces en les plantant en décembre sur couches et sous châssis.

Pour la culture ordinaire, nous ferons venir ce légume en assolement, après les choux d'hiver ; cette plante exige des sarclages et des buttages fréquents.

a'. Le *topinambour* sera planté en mars et sur une terre isolée de toute culture ; la récolte a lieu au fur et à mesure des besoins.

b'. La *tomate à feuilles crispées* sera celle que nous cultiverons.

On sème la tomate, en janvier, sur couches ; on repique plus tard, lorsque la plante a 7 à 8 centimètres de taille, et on arrose. En mai, on la plante en place, en lignes, et on arrose aussi.

A mesure que les plants grandissent, on doit pincer quelques bourgeons à fruit, les arroser souvent avec de l'eau tenant de la colombine en suspension, et échalasser seulement les pieds destinés à porter des primeurs.

La graine sera prise sur des fruits mûrs, lisses, plats, provenant du pied mère ; elle peut être conservée deux ou trois ans.

c'. L'*aubergine*. Nous bornerons cette culture à l'*aubergine à fruits violets allongés*. Cette plante réclame les mêmes soins que la *tomate* ; mais elle veut un sol moins ameubli, plus engraissé et des arrosages plus fréquents. On peut semer la graine de l'année, bien qu'elle conserve des propriétés germinatives pendant deux ou trois ans. On doit exposer au soleil le fruit destiné à fournir la graine.

d'. La *citrouille*. Il existe un nombre infini de croisements sur ce légume ; aussi nous nous bornons à dire que nous devons cultiver la *courge de Montpellier à écorce verte*, la *courge musquée* et toutes les *courges melonnes longues, demi-longues* et *rondes*.

En avril, dans un sol bien fumé, on creuse des trous de 30 centimètres de large et autant de profondeur, à 3 mètres de distance. On les remplit de fumier ; puis on établit une butte en terre, sur laquelle on pratique un trou en forme de cuvette pour recevoir la graine et l'eau, celle-ci très-nécessaire à la prospérité de la plante.

Lorsqu'une tige est trop vigoureuse, on la marcotte en mettant une pelletée de terre sur l'aisselle d'une feuille, et on complète cette culture en pinçant la branche qui pousse au point d'intersection où se trouve attaché le fruit.

e'. *Concombres* et *cornichons* se cultivent comme la citrouille ; nous donnerons la préférence au *cornichon vert* ou *hâtif de Hollande* et au *concombre hâtif* de la même origine. Le fruit de ces deux espèces, récolté lorsqu'il a la grosseur du petit doigt, prend le nom de *cornichon*. Dans le cours de cette culture, on doit enlever soigneusement toutes les feuilles jaunes, et prendre la graine sur les pieds bien mûrs.

f'. Les *melons*. Il existe trois groupes de melons :

1º les *melons brodés*, qui se distinguent par des lignes saillantes réticulées et s'entre-croisant dans tous les sens; tels sont : le *melon maraîcher*, l'*ananas*, le *gros* et le *petit Prescot*, l'*Archangel* ; 2º les *cantaloups*, qui se caractérisent par des côtes très-prononcées, recouvertes elles-mêmes de rugosités (tels sont : le *cantaloup orange*, le *hâtif*, le *romain*, le *succin de M. Bally*), et 3º enfin le *melon vert* ou *bigarré de vert foncé* et de *vert clair*. Dans ce groupe, nous trouvons le *melon de Cavaillon à chair rouge* ou *blanche*.

Nous pouvons cultiver le melon sur couches et en pleine terre; ce dernier mode est le mieux approprié à nos intérêts.

Fin mars, dans un sol bien fumé, bien préparé, nous creuserons des tranchées de 40 centimètres de largeur et autant de profondeur; nous les remplirons d'un mélange (compost) de fumier et de vendange, et nous ajouterons une légère couche de terre. Là, dans des godets distants de 1 mètre 40, nous placerons cinq ou six graines que nous aurons fait tremper préalablement dans du vin pendant vingt-quatre heures, et, si la saison est chaude, nous arroserons pour faciliter la levée.

Après la naissance, on réduit les plants à un ou deux pieds par chaque godet; on sarcle souvent, et, lorsque la tige a poussé sa quatrième feuille (non compris les feuilles séminales), on pince avec l'ongle du pouce au-dessus de la deuxième feuille, en ménageant les deux yeux qui pointent aux aisselles des feuilles que l'on conserve.

Lorsque les branches sont arrivées à leur deuxième feuille, on les étête à leur tour, ce qui les oblige à se subdiviser chacune en deux nouveaux rameaux, que l'on doit encore étêter au-dessus de la quatrième feuille ; enfin, lorsque quatre ou cinq melons sont formés sur un pied, on doit pincer toutes les branches gourmandes sur leur première feuille.

Dans le cours de cette culture, nous donnerons de légers arrosements, des lavages seulement ; si les chaleurs étaient trop fortes, on arroserait très-copieusement, mais à des distances très-éloignées. La plante doit souffrir un peu.

La graine sera récoltée sur le plus beau fruit, sur celui qui sera arrivé à maturité complète ; elle sera séchée au soleil sans être lavée ; préparée ainsi, cette semence se conserve dix à douze ans. Au reste, on ne sèmera que la graine récoltée depuis deux ou trois ans.

Nous recommandons enfin de cultiver séparément, non-seulement chaque variété de melons, mais encore d'éloigner les pieds de ceux des courges, concombres, etc., etc. Ce voisinage produit des hybrides bizarres, sans goût, sans saveur.

On opérera les mêmes pincements, et on prendra les mêmes soins pour la culture des melons sur couches.

h'. La *pastèque*. Ce légume, plus spécialement réservé pour les confitures, sera cultivé comme le melon. On se dispensera de la taille, et on arrosera plus souvent.

i'. La *patate*. Le rendement de ce légume est médiocre, et sa culture exige beaucoup de soins.

On doit faire pousser ce tubercule sur couches; lorsque les bourgeons ont acquis 10 centimètres de hauteur, on les détache du corps du tubercule en leur conservant un petit empâtement, et on les pique dans un pot que l'on place lui-même dans la couche. C'est lorsque le plant a acquis un certain développement, que l'on peut se permettre de le transplanter en pleine terre.

L'arrachage de la patate doit se faire par un temps très-sec, en octobre; sa conservation a lieu en la plaçant, par couches isolées, sur du foin, des balles d'avoine, des déchets de tiges de chanvre ou de lin.

j'. Le *fraisier*. Parmi les nombreuses variétés de fraisiers, nous prendrons le *fraisier des Alpes* ou des *quatre saisons*, à *fruits petits*, mais très-délicats de goût, et le *fraisier-buisson*, sans filets, à fruits rouges.

Quelques variétés à fruits gros, telles que le *fraisier ananas, anglais, prince-Albert*, sont d'une production si médiocre, si incertaine, qu'elles méritent peu de figurer dans nos jardins.

Le fraisier se multiplie par coulants et par éclats enracinés. La multiplication par semis n'a lieu que pour renouveler ou obtenir une variété spéciale.

On plante le fraisier, en automne, en planches ou en bordure, chaque pied distant de 25 centimètres; le terrain doit être léger et fumé quinze jours à l'avance.

En mai, on donne de fréquents sarclages, et puis des arrosages copieux. Aussitôt qu'un orage menace, on doit s'empresser d'arroser avec l'eau de puits. La cueillette du fruit aura lieu en enlevant la fraise avec son pédoncule.

Fin octobre, on détache tous les filaments, on donne une bonne façon, et on couvre entièrement les pieds de fumier. Après quatre ans d'existence, le fraisier doit être changé de place.

B. *a*. Le *haricot*. Cette plante produit diverses variétés. Nous cultiverons le *haricot Sophie blanc* (mongeon), le *haricot-sabre*, le *Soissons*, le *beurré*, le *sans-parchemin*, tous à rames, c'est-à-dire poussant des tiges volubiles plus ou moins longues, et d'autres bas, sans rames, tels que le *haricot flageollet nain*, le *sabre nain*, le *Bagnolet gris*, celui-ci produisant jusques aux gelées.

Ce.légume aime les sols légers, ameublis, bien fumés par des engrais chauds. Nous le sèmerons en planches de quatre à cinq raies, depuis mai jusques fin juin, et, après la naissance, on sarclera et on buttera souvent. Faisons observer que cette plante exige les plus grands ménagements quand il s'agit de couper les cosses vertes ; on les détachera avec des ciseaux.

b. Le *pois*. Ce légume n'est pas difficile sur le choix du terrain. Nous l'avons dit ailleurs, tous les sols lui conviennent ; il résiste facilement aux gelées. On peut le semer en toute saison.

Nous cultiverons le *pois Gonthier*, le *nain hâtif de Hollande*, le *vert*, le *prince-Albert*, le *quarantain*, le *tête noire* et le *mange-tout*. Le pois demande quelques arrosements, mais jamais lorsqu'il est en fleurs.

c. Le *pois chiche*, qui a sa place dans nos jardins, réclame les mêmes soins de culture que les diverses variétés de pois.

d. La *fève.* Nous sèmerons ce légume très-clair, en octobre, dans un sol riche, profond. La fève se trouve bien de succéder à une récolte de tomates, de salades. Au printemps, 'on sarcle, on butte les pieds, et, au moment de la floraison, on étète les tiges, ainsi que nous l'avons recommandé.

La *fève de Portugal* et celle de *Windsor* sont celles qui conviennent le mieux à ce genre de culture.

Terminons en disant que nous laissons à l'intelligence de chacun le mode de culture appliqué au cresson, au pissenlit, à la doucette, etc., etc.

CHAPITRE XIII

ARBORICULTURE

**Des diverses espèces d'arbres ou arbustes fruitiers. —
Principes de la taille de chacun d'eux. — De la greffe.**

§ I. *Des diverses espèces d'arbres ou arbustes fruitiers* (1). — L'arbre fruitier se trouve bien des travaux que l'on donne à la plante potagère ; à son tour, celle-ci trouve un abri salutaire du voisinage de l'arbre.

Pour se rendre compte des règles qui régissent l'arboriculture, il importe de connaître les parties qui constituent l'arbre. Peut-on, en effet, s'occuper d'une science sans posséder les premières notions qui lui servent de base ?

L'arbre que nous prenons après sa formation, c'est à-dire après sa sortie de la pépinière (2), se compose de *racines*, d'une *tige* et de *feuilles*.

Dans les racines on distingue le *corps* ou *pivot*, les

(1) LACHAUME, *Taille des arbres fruitiers*. — DU BREUIL, *Conduite des arbres fruitiers*.

(2) Nous n'avons pas à nous occuper du mode d'ensemencement de l'arbre, ni de la formation de la pépinière.

radicelles ou *chevelu* et le *collet ;* les racines sont tantôt *pivotantes,* tantôt *traçantes.* Dans la tige on trouve
l'écorce, composée elle-même de *l'épiderme,* de *l'enveloppe herbacée,* de *couches corticales* et du *liber.* Le bois
qui fait aussi partie de la tige constitue *l'aubier,* celui-
ci de couleur plus claire que le bois, et qui devient
bois à mesure que l'arbre vieillit ; la tige enfin renferme le *canal médullaire,* destiné à contenir la moëlle
d'où partent les rayons qui vont à l'extrémité de *l'aubier.* La moëlle est plus abondante dans les parties
jeunes. Les feuilles, ordinairement vertes, sont formées de *nervures* et d'un *parenchyme* qui remplit les
intervalles, le tout recouvert d'un épiderme appelé
limbe, celui-ci portant un nombre infini de petites
ouvertures *(stomates)* (1). La queue de la feuille est
appelée *pétiole ;* si elle porte des appendices foliacés,
on les nomme *stipules.*

A la partie supérieure de la tige se trouvent les
rameaux ; sur leur circonférence il existe des petits
corps ronds ou coniques que l'on désigne sous le nom
de *bourgeons.* Ces bourgeons prennent le nom *d'yeux*
lorsqu'ils renferment des fleurs, ou des fleurs et des
feuilles tout à la fois. Sur la tige, ou mieux encore sur
les rameaux, croissent les *gourmands,* les *brindilles,*
les *dards,* les *lambourdes,* les *boutons,* et enfin viennent
les fleurs et les fruits.

Le *gourmand* n'est autre que ce rameau qui se carac-

______

(1) En parlant de la vie des plantes, nous avons fait connaître les fonctions des feuilles, des racines, etc.

térise par la petitesse et l'éloignement des bourgeons.

La *brindille* se trouve sur toutes les parties des branches, et porte des yeux très-petits.

Le *dard* est ce petit rameau très-court placé à angle droit sur le dessus des branches, et terminé par un œil conique. Quand cet œil se termine par un bouton, qui lui-même n'est que la fleur cachée dans son enveloppe, il prend le nom de *lambourde*.

On appelle enfin *bourse* ce corps charnu, tendre, tronqué, qui, à sa circonférence, porte plusieurs yeux prêts à se transformer en boutons.

Nous devons aussi étudier la fleur. Les phénomènes qui se passent dans cette partie méritent notre attention.

La fleur se compose d'une enveloppe verte : c'est le *calice ;* d'une enveloppe colorée : c'est la *corolle ;* de petits filets plus ou moins nombreux que l'on désigne sous le nom d'*étamines* ou organes mâles, et, au centre, d'un ou plusieurs organes soudés ensemble appelés *pistils* ou organes femelles. Cette partie renferme l'*ovule*, et devient fruit par le contact d'une poussière appelée *pollen*, qui existe sur un petit corps renflé placé à l'extrémité de chaque étamine. Si une pluie, une gelée, s'oppose à l'action de cette poussière fécondente, le fruit avorte.

Le fruit enfin se compose d'une membrane mince appelée *épiscarpe*, d'une substance charnue dite *mésocarpe*, et d'une autre enveloppe connue sous le nom d'*endoscarpe*, qui sert à recouvrir la graine dans laquelle se trouve l'*embryon* ou *germe* destiné à repro-

duire la plante ; lorsque cette graine est comestible,
elle prend le nom de *fruit*.

Le mode de nutrition de l'arbre n'est pas moins
intéressant.

L'arbre puise dans l'atmosphère des gaz à l'aide de
ses feuilles, et dans la terre de l'humidité par ses racines ; ces deux éléments prennent le nom de *séve*.

Au printemps, la séve prend deux courants : l'un
ascendant, à l'aide duquel elle monte par la couche
ligneuse, arrive dans les branches, dans les feuilles,
et laisse échapper sur son passage une partie de son
eau, qui s'épaissit et se modifie selon les besoins ; cette
séve redescend à travers les couches du liber, forme
l'aubier, une partie du liber, et nourrit l'arbre ; alors
la séve prend le nom de *cambium*. Le mouvement de la
séve se ralentit vers la fin des fortes chaleurs, et
prend une nouvelle recrudescence dans le mois d'août
pour achever les organes de l'arbre ; à ce moment, on
dit que le bois s'*aoûte*.

Terminons en indiquant les principales règles de la
plantation de l'arbre fruitier.

Dans une terre préalablement défoncée à 70 centimètres de profondeur, on creusera une fosse d'un
mètre carré. On agira de telle sorte que l'essence de
l'arbre soit appropriée à la nature du terrain, ou tout
au moins on fera un mélange de terre, afin que l'arbre trouve les éléments nécessaires à son existence.
C'est ainsi, par exemple, qu'à un terrain trop calcaire
on ajoutera de la terre argilo-siliceuse (boulbène), ou

aux sols argileux ou argilo-siliceux trop compactes on mêlera de la terre calcaire.

Une bonne pratique à suivre, c'est de prendre les râclures des bois, des allées, pour favoriser la reprise des arbres.

L'arbre destiné à être planté sera sain et vigoureux ; on coupera l'extrémité de toutes les radicelles, de toutes les branches, y compris bien souvent la flèche, et on détachera tous les éclats, toutes les parties meurtries. Si le chevelu des racines était trop desséché, on aurait la précaution de le refraîchir en le laissant tremper dans l'eau pendant cinq ou six heures.

On plantera par un temps sec, fin octobre, et, après avoir tassé la terre sur les racines, on arrosera légèrement ; puis, on buttera assez haut la tige pour la défendre contre les eaux pluviales.

Quant à la distance à observer entre chaque arbre, elle est subordonnée à la nature du sol et à l'essence du sujet. Cependant, on peut établir en principe que 10 mètres suffisent aux pommiers, aux poiriers, aux cerisiers, aux pruniers, aux abricotiers, aux amandiers, et 20 mètres aux noyers, aux châtaigners.

S'il s'agit de procéder au remplacement d'un arbre, on fera bien de prendre une essence différente du premier occupant.

A quelles espèces d'arbres fruitiers devons-nous donner la préférence ?

L'expérience prouve que, parmi les espèces qui s'accommodent le mieux de notre sol, de notre climat, on trouve dans les poiriers d'été : la blanquette à queue grosse, la bergamotte d'été, le beurré blanc, l'épine rose d'été, le gros rousselot, la cassolette ou muscat vert, le beurré d'Amanlis; dans les poiriers d'automne : la bonne Louise, le beurré gris, le beurré panaché, le beurré blanc panaché, le beurré d'Arenberg, le beurré Saint-Nicolas, la bergamotte d'Angoulême, le doyonné gris, le gros Colmar, le messire Jean, la poire prieur, la duchesse d'Angoulême; dans les poiriers d'hiver : le doyonné blanc et musqué, le beurré d'Amanlis, la poire curé, la cressanne d'hiver, la fondante des bois, la sans-pareille. Pour la compotte, nous prendrons la belle Angevine, la verdal ou Saint-Laurent.

Dans les pommiers d'été, nous choisirons la passe-pomme rouge, la hâtive de Pézenas, la reinette d'été; dans les fruits d'automne, nous prendrons la pomme reine des reinettes, Pauline de Vigny, Aubertin très-grosse; et, dans la pomme d'hiver, nous choisirons la reinette grise, de Brives, du Canada, d'Ile, Calville blanche et rouge, court pendu, grosse merveille, museau de lièvre, vineuse, blanc d'Espagne, double rose, passe d'une année à l'autre, princesse noble grosse, dorée d'Angleterre.

Dans les pruniers, nous prendrons la reine Claude blanche, Co'ès ou goutte d'or, damas gros de Tours, rouge sucré, monsieur Fruit-Jaune, Sainte-Catherine, Vermol, perdrigon blanche, d'ente d'Agen, abricot jaune, de cidre, de Montauban, arobe de sergent.

Parmi les pêchers, nous choisirons l'avant-pêche

jaune, l'alberge rouge, la bisconte, la chancelière, le duc de Magenta, la grosse jaune d'Oleron, la Madeleine rouge grande fleur, la muscade, la pourprée hâtive, la teton de Vénus, de Cazères ; et, parmi les pavies, on prendra la pavie jaune de Pomponne et de Cos.

Dans les abricotiers, on cultivera le commun à amande douce, l'Angoumois, le muscat, le pêche, le précoce d'Espéren, le royal.

Dans les amandiers on prendra le commun à coque tendre, le millet, le coque tendre des dames, le coque tendre sultane, le Damas, le coque grosse tendre.

On fera choix des cerisiers à cerise précoce, cœur de poulet, d'Espéren, Napoléon, belle d'Auvergne, de trois au pan, gros gobet, Montmorency, royale d'Angleterre, gros bigarreau, albane blanche, rouge ; et de la guigne napolitaine précoce, à courte queue.

On plantera le châtaigner marron de Lyon, le franc de Limoges, de Luc ; le noisetier à aveline blanche ronde, rouge longue ; le noyer à coque tendre et celui à gros fruit de jauge, de la Saint-Jean.

On choisira le figuier à figue angélique rouge et blanche, épiscopale violette, Marseillaise, violette, verte d'Italie, d'Albarèdes, grise ordinaire.

On prendra enfin, parmi les cognassiers, le Portugal, d'Angers ; dans les framboisiers, celui à fruit rouge et blanc ; dans le groseiller, le rouge, le rose à longues grappes, et le groseiller épineux à fruits blancs transparents ou verts ombrés jaune.

§ II. *Principes de la taille de l'arbre fruitier.* — Sans nuire à l'existence de l'arbre, nous pouvons, à l'aide de la taille, obtenir d'un fruitier les plus grands produits, disposer son branchage tantôt à hautes tiges ou à plein vent, tantôt lui donner la forme d'une pyramide, d'un éventail, d'un vase, ou bien le mettre en espalier.

Quelque forme que l'on donne à l'arbre, on doit suffisamment espacer les branches, afin que la lumière et l'air puissent circuler facilement.

A. *Taille de l'arbre à haute tige.* — Pour donner cette forme à l'arbre, on prend un *scion* (1), sur lequel on laisse exister trois ou quatre bourgeons, régulièrement placés à l'extrémité et autour de la tige. Fin juin, on pratique un pincement, non-seulement sur tous ces bourgeons destinés à former l'arbre, mais sur tous les nouveaux. Au printemps suivant, on raccourcit chaque rameau à 20 centimètres environ de sa naissance et au-dessus de deux bourgeons placés de chaque côté du rameau; en été, on pince, on opère de même sur tous les bourgeons qui ont poussé à nouveau, ces diverses opérations ayant pour but de maintenir une égale vigueur sur toutes les pousses. Au troisième printemps, on raccourcit les rameaux à 35 centimètres, en faisant toujours la section au-dessus de deux boutons placés sur le côté, et on con-

(1) On appelle ainsi le jet d'un *écusson* placé l'année précédente sur un sauvageon.

tinue le pincement, tel qu'il a été pratiqué les années précédentes ; de cette manière, la quatrième année, l'arbre se trouve pourvu de douze rameaux.

Plus tard, chaque année, on se bornera à supprimer tous les bourgeons qui poussent sur la tige ; on agira de même pour les gourmands qui naissent à la base et à la face interne des branches. Et enfin, tous les cinq ans, on pratiquera quelques élagages sur les branches qui se croisent.

Cette taille peut s'appliquer au poirier, au pommier, au prunier, à l'amandier, au cerisier, à l'abricotier, au pêcher jusqu'à l'âge de quatre ans ; passé ce temps, on doit éviter de trop fortes plaies aux pommiers, aux pruniers, aux cerisiers, sur lesquels on se bornera à retrancher les gourmands et à couper le vieux bois. Pour l'abricotier, l'amandier, on devra raccourcir seulement de temps en temps les branches, afin d'avoir de jeunes pousses ; et pour le pêcher, voici comment on procède :

On admet sur cet arbre des branches de charpente et des branches plus petites qui les garnissent, appelées branches à fruit. Sur ces dernières se trouve un autre ordre de branches, les unes petites, appelées *chifones*, se reconnaissant à une garniture de boutons, et à un œil à bois terminal ; les autres, pourvues à leur extrémité de quatre ou cinq boutons, et d'un œil à bois à leur centre, celles-ci désignées sous le nom de branches à *bouquet*.

Pour procéder à la taille de ce fruitier, on espace autant que possible les branches de charpente, on taille sur deux ou trois boutons la branche chifone, si elle est bien portante ; on la rabat sur l'œil de la base si elle est chétive, et on respecte toutes les branches à bouquet, si elles ne sont pas trop nombreuses. S'il existait des vides et qu'il fut utile de restaurer du vieux bois, on pourrait le remplacer par quelques branches qui auraient déjà porté fruit, ou bien encore par des gourmands ; dans le cas contraire, on retranchera entièrement ces derniers.

Au printemps, on pince les premiers bourgeons qui naissent sur les branches charpentières, à une longueur de 15 à 20 centimètres, et plus tard on pince aussi une partie des bourgeons anticipés, jusqu'au moment de la formation du noyau. Après la récolte, on recommence le pincement, qui prend le nom de taille verte, en ayant la précaution de se rapprocher le plus possible de la branche charpentière, et de conserver trois ou quatre bourgeons pour assurer la fructification de l'année suivante.

Le noyer, le noisetier, le néflier, le châtaigner, ne veulent pas, non plus, être tourmentés. Après la troisième ou quatrième année de leur plantation, il suffira, tous les cinq ou six ans, d'opérer quelques éclaircies, et de supprimer tous les gourmands. Sur le cognassier, on retranche l'extrémité de quelques rameaux seulement.

Le figuier réclame peu de soins ; on laisse exister deux ou trois tiges sur la cépée, et lorsque les bourgeons sont arrivés à la hauteur désirée, on pince chaque année le bourgeon de prolongement à trois ou quatre feuilles. Après la cueillette des fruits, on rabat la branche sur le bourgeon de remplacement, et on supprime les branches qui font confusion.

Le groseiller sera rajeuni tous les deux ans, en coupant le vieux bois sur la souche ; et pour le framboisier, on rabattra au printemps, à 60 centimètres, les quatre ou cinq brins destinés à donner du fruit.

B. Taille de l'arbre fruitier en forme de pyramide. — En mars, sur un scion planté de l'année, après avoir taillé la flèche sur l'œil opposé au côté sur lequel se trouve la greffe, on taille les branches sur un œil terminal, bien constitué, bien dirigé, et d'autant plus court qu'elles se rapprochent du sommet ; on retranchera jusques sur la couronne les faux rameaux, grêles ou mal dirigés, ainsi que les bourgeons inutiles, mal placés, sans oublier les deux yeux qui existent près de l'incision de la greffe. En été, on pince toutes les pousses inutiles.

La seconde année, on taille la flèche court sur un œil opposé d'où est né le prolongement. Les branches de la base seront coupées à cinq ou six yeux, et ainsi de suite jusqu'à deux yeux pour les branches les plus élevées. Les faux rameaux, les boutons à fruit seront supprimés. S'il existe des vides, on provoquera la naissance d'un rameau par une entaille faite à la tige à l'aide d'une scie. Comme la première année, on opèrera des pincements sur les branches qui prennent un accroissement disproportionné.

La troisième année, on agit comme précédemment.

La quatrième année, la taille diffère des autres ; c'est le moment d'imprimer à l'arbre sa forme définitive, et de le faire rapporter.

Les dards, les lambourdes seront respectés, toutes les branches seront raccourcies à la longueur qu'elles doivent conserver ; la flèche sera taillée court, et le bouton terminal pincé. Plus tard, on doit éviter la confusion des branches, et ramener celles qui s'écartent.

L'arbre disposé en pyramide est très-productif, mais aussi il est considérablement tourmenté par les vents.

C. Taille de l'arbre, en forme de vase ou gobelet. — La première année, on coupe la tige à 40 centimètres. En été, on choisit cinq bourgeons sur lesquels on maintient une égale vigueur en les pinçant à propos. La seconde année, on coupe chacun de ces rameaux à 40 centimètres de leur base, au-dessus de deux boutons placés latéralement, de façon à faire bifurquer chacun de ces rameaux. La troisième année, on raccourcit chacun des six rameaux à 30 centimètres de leur base, on abaisse les branches et on les espace convenablement, au moyen de deux cerceaux d'une circonférence inégale. A la quatrième taille on croise les branches, et on les dirige l'une à droite, l'autre à gauche ; à cette époque aussi, on entretient et on respecte les rameaux à fruit. Cette forme s'applique au poirier, au pommier, à la condition toutefois que ce dernier soit greffé sur paradis (1).

(1) On désigne ainsi la bouture du pommier sauvageon.

D. Taille de l'arbre en forme de palmette. —
Comme pour la forme en gobelet, on taillera la tige
à 40 centimètres, mais sur deux bourgeons seuls,
placés obliquement. Pendant l'été, on conservera trois
bourgeons sur chaque jeune tige, et on les pincera.
La seconde année, on raccourcira les branches latérales d'un tiers de leur longueur, et on taillera le
rameau terminal sur un œil, de manière à pouvoir
établir les branches latérales à 20 ou 25 centimètres
des premières. A mesure qu'elles prendront de la
force, on leur imprimera une position horizontale,
et ainsi de suite chaque année, jusqu'au développement complet de l'arbre.

E. Selon le même procédé, nous pourrons disposer
l'arbre en palmette double, en U, ou le palisser
contre un mur.

L'abricotier seul supporte la forme en espalier ;
on aura le soin de tenir ses branches espacées, de
pincer souvent les nouvelles pousses afin qu'elles
deviennent branches fruitières l'année suivante, et,
ainsi que nous l'avons dit, de les raccourcir si elles
tendaient à prendre trop d'extension.

F. Il est facile encore de rendre l'arbre plus productif, sans nuire à sa vie, à sa santé, à l'aide d'un
procédé connu sous le nom de *cordon*.

A cet effet, on plante des scions à un mètre de distance. Après avoir retranché le tiers environ de la
tige sur un bourgeon placé en avant, on les incline
les uns sur les autres selon un angle de 60 degrés.
En été, on pince tous les bourgeons, excepté le ter-

minal. La seconde année, on transforme en lambourdes tous les rameaux latéraux, on retranche d'un tiers le rameau de prolongement, et on pince comme la première année. Chaque année ensuite, on use des mêmes procédés, et lorsque ces arbres ont acquis 1 mètre 50 de longueur, on les greffe entre eux par approche.

Les poiriers, les pommiers seuls peuvent prendre cette forme. Les arbres disposés ainsi produisent beaucoup, mais leur existence est très-limitée.

§ III. *De la greffe des arbres.* — On appelle greffer l'action par laquelle on unit un végétal à un autre, dans le but de les faire croître ensemble.

On greffe au printemps ou en été, en prenant pour base le mouvement de la séve.

On pratique quatre modes de greffe : 1° la greffe en fente ; 2° la greffe par approche ; 3° la greffe en écusson, et 4° la greffe à anneau.

Nous croyons inutile de parler de la greffe en couronne, ce mode de greffer, outre qu'il est très-incertain, demande des mains très-habiles.

a. La greffe en fente consiste à couper horizontalement la tète du sujet à greffer, et à opérer une fente perpendiculaire, bien nette, sans éclats, sans déchirure de peau, sans blesser la moëlle des arbres, à noyau surtout ; puis, de prendre la greffe longue de 5 à 6 centimètres, sur un rameau de l'année, la tailler en forme de lame de couteau, avec deux crans au-dessus du biseau, et à la placer dans la fente du sujet, de manière que les deux écorces coïncident parfaitement. Si on suppose que la pression du sujet ne soit pas suffisante pour assujettir la greffe, on la maintient en place au moyen d'une ligature. On termine enfin par couvrir la plaie avec la cire chaude à greffer, ou bien avec l'onguent de Saint-Fiacre (1), que l'on enveloppe d'un chiffon de toile ou autre.

b. On pratique de la manière suivante la greffe par approche : on fait une large entaille sur deux arbres voisins, et on approche ces plaies au point de faire toucher les libers. Il suffit de maintenir la position par un lien approprié à la résistance, et à couvrir cette partie avec de la terre ou de la mousse, jusqu'au moment de la reprise.

c. On greffe en écusson, à œil poussant au printemps, et à œil dormant en juillet et août. Cette dernière manière est préférable.

On prend sur un rameau de l'année un œil que l'on détache en forme de V, en y comprenant une petite portion de bois ; puis, sur la tige ou la branche de l'arbre à greffer, on pratique une incision en croix, on relève avec la spatule du greffoir les lèvres de cette ouverture, et on introduit en glissant l'écusson que l'on maintient en place avec une ligature de laine grossièrement filée, de l'écorce de saule, ou mieux encore avec l'enveloppe d'un épi de maïs.

(1) La cire à greffer se compose de 500 grammes poix de Bourgogne, 120 grammes poix noire, 120 grammes résine, 100 grammes cire jaune, et 60 grammes suif, le tout fondu ensemble.

L'onguent de Saint-Fiacre est un composé de terre glaise et de bouse de bœuf ou de vache.

On se trouve bien d'une incision faite à un centimètre au-dessous de la greffe.

Quelques jours après la pousse de l'écusson, si on a opéré à œil poussant, ou bien au printemps suivant si on a greffé à œil dormant, on coupe le sujet en laissant exister deux bourgeons, pour être supprimés aussitôt que la greffe a 30 ou 40 centimètres de longueur.

d. La greffe à anneau consiste à enlever sur un sujet une plaque circulaire, et à la remplacer par un anneau muni d'un ou deux yeux. Le noyer, le châtaigner exigent ce mode de greffe.

Ajoutons, en terminant, que la reprise de la greffe sera assurée seulement lorsque, sur les deux sujets, il y aura analogie de végétation, identité d'espèce, de genre, de famille.

Ainsi, l'on greffera le poirier, le pommier, sur *franc* ou *égrain* (1), ou bien sur cognassier ; on donnera la préférence au franc.

De même le pêcher et l'abricotier seront greffés sur franc, ou bien sur amandier et sur prunier. Toutefois, le prunier destiné à recevoir la greffe proviendra de la variété Damas noir, et celui destiné à recevoir la greffe de l'abricotier sera pris sur semence.

Enfin, le prunier, l'amandier, se greffent sur rejetons, ou mieux sur prunier de semis.

Le châtaigner, le noyer, le noisetier, le cognassier, se greffent sur eux-mêmes, venus de semis ou de rejetons.

(1) On désigne ainsi le produit d'un grain ou pépin.

CHAPITRE XIV

ESPÈCE BOVINE

Des diverses races de l'espèce bovine élevée dans le département de Tarn-et-Garonne. — Concordance de ces diverses races avec la nature du sol qu'elles doivent cultiver. — Quelles sont les qualités les plus désirables à rechercher sur le bétail. — Principes d'amélioration du bétail : 1° régime, hygiène ; 2° génération, appareillement, croisement, sélection. — Accouplement dans la même famille.

« Le bétail est la base de l'agriculture et la richesse d'un pays. Avec le bétail, on a le moyen d'accroître les produits du sol ; avec le bétail, on peut pourvoir aux besoins de son existence ; sans bétail, tout progrès agricole cesse, on doit donc élever et entretenir des animaux en quantité (1). »

§ Ier. *Des diverses races de l'espèce bovine élevée dans le département de Tarn-et-Garonne.* — Notre Département n'a pas une race bovine, propre, spéciale.

Parmi les nombreux élèves que produit le Tarn-et-Garonne, chaque propriétaire prend le taureau qui convient le mieux à son exploitation. De là cette confusion de races, et l'existence des quatre groupes

(1) Grognier.

ou tribus d'animaux à grosses cornes que nous possédons.

Ainsi, dans les cantons de Villebrumier, Grisolles, une partie du canton de Verdun, à Montech, Saint-Nicolas, Montauban, Nègrepelisse, Castelsarrasin, Moissac et Valence, on trouve le bœuf garonnais, à l'exclusion presque de tout autre ; à Lavit, Beaumont, Auvillar, et la partie montueuse de Verdun, le bœuf gascon de Samatan tient le haut-bout ; tandis que l'on rencontre à Molières, Montpezat, Caussade, Monclar, Caylus, Saint-Antonin, la race Salers, nous voyons à Bourg-de-Visa, Montaigu, Lauzerte et Lafrançaise, un bœuf issu du bœuf Quercy et de l'Agenais.

Si nous étudions le bœuf du premier groupe, nous trouvons que cette espèce a tous les caractères de son origine primitive, si bien définis par une robe paille blé, une tête un peu forte, la taille élevée, le corps long, le dos et les reins droits, la côte relevée, la poitrine vaste, profonde, les cuisses bien fournies, mais des jarrets faibles, souvent coudés, des genoux gros rentrés en dedans, des canons grêles, des ongles tendres et mous ; assez bons travailleurs dans les lieux où ils sont nés, mais avant tout très-disposés à l'engraissement, même après avoir labouré longtemps. A Valence, Moissac, Castelsarrasin, Montauban, ce bœuf grandit ; ailleurs les formes se développent.

Prenons ensuite le bœuf de la seconde zone : à Lavit, Beaumont, Auvillar, dans le coteau de Verdun, nous voyons cet animal sous poil blaireau, d'une taille moyenne, avec une charpente osseuse développée, un tête forte, un ventre tombant, des épaules grosses, des membres forts, des jarrets larges, un pied dur, une peau épaisse, toutes qualités propres à un travail soutenu, mais d'une aptitude médiocre à l'engraissement.

Examinant ensuite les animaux qui peuplent les cantons de Molières, Montpezat, Caussade, Monclar, Caylus, Saint-Antonin, le bœuf salers se trouve là avec tous ses attributs, qui sont : une robe rouge, la taille assez élevée, une tête carrée, un front large, des cornes courtes et grosses, une encolure musculeuse, des épaules fortes, un fanon prononcé, le corps épais, cylindrique, les fesses larges, des jarrets, des genoux, des membres forts, secs et d'aplomb, avec des pieds durs et résistant à la fatigue ; la femelle, ayant en outre cette faculté d'être bonne laitière, et bonne nourrice par conséquent, qualités qui manquent aux deux races précédentes, comme d'ailleurs à toutes les races du Midi.

Si enfin, poursuivant notre étude, nous examinons de près le bœuf de Montaigu, du Bourg, de Lauzerte et Lafrançaise, nous n'avons pas de peine à constater sur cet animal des formes presque irréprochables.

Ce bœuf, en effet, avec son poil légèrement foncé de rouge, bien qu'il soit le produit d'une race mal conformée, le bœuf Quercy, manquant primitivement de volume et d'épaisseur de corps, de jambes même,

puisé dans une alliance convenable sur la vache
igenaise un corps épais cylindrique, une colonne
vertébrale droite, des genoux bien conformés, pour
affronter sans peine les rudes travaux des sols montueux qu'il habite, et puis encore une bonne disposition à prendre la graisse.

Toutefois, dans quelle race que nous prenions le
bœuf, nous exigerons de cet animal la conformation
suivante : une tête petite, carrée, des cornes rondes
blanches, un cou court, un dos droit, des reins
larges, une queue bien attachée, longue et pourvue
d'un gros toupillon, des cuisses épaisses tombantes,
des jarrets larges, secs, un corps cylindrique, une
poitrine large, sans fanon (1), des genoux ronds sans
empâtement, des ongles blancs et durs, de l'aplomb
dans tous les membres, des os petits, une peau douce,
souple, un regard doux, et enfin un tempéramment
limphatique.

A la vache nous demanderons de grosses mamelles
recouvertes d'une peau fine, des reins très-larges et
des aplombs parfaits.

Chez l'étalon, on recherchera non-seulement la
conformation qui doit servir de règle pour le choix
du bœuf, mais encore on exigera une origine
ancienne, et de plus les épaules et la croupe sur la

(1) On fera bien de supprimer ce repli de la peau, bon tout au plus
pour le tanneur, et qui croît et vit aux dépens du train postérieur. En
éloignant de la reproduction les mâles chez lesquels le *fanon* sera trop
prononcé, on corrigera entièrement ce défaut.

même ligne, des cuisses bien fournies, des membres forts, des articulations grosses, des poils brillants, des testicules pendants moyennement développés.

Apprenons maintenant à connaître l'âge du bœuf; c'est à l'inspection des dents qu'on y parvient.

Un bourrelet cartilagineux remplace les dents de la mâchoire supérieure; c'est à l'inférieure que se trouvent ces organes qui doivent guider pour connaître l'âge.

Les dents sont au nombre de huit ; on désigne sous le nom de pinces les deux dents du milieu, de premières mitoyennes celles qui sont à côté des pinces, deuxièmes mitoyennes celles qui viennent à la suite, et de coins, les deux dents qui terminent la rangée, chacune de son côté.

Les veaux naissent ordinairement avec les pinces ; 30, 40 jours après la naissance, toutes les dents ont fait irruption.

De 18 mois à 22, les pinces tombent.

De 2 à 3 ans, les premières mitoyennes.

De 3 à 4 ans, les secondes mitoyennes.

De 4 à 5 ans, les coins.

La dent remplaçante a la forme d'une palette élargie en haut, et cylindrique en bas, ces deux portions séparées par un collet.

A six ans, le bord antérieur des pinces s'abaisse.

A sept ans, les premières mitoyennes ont la table nivelée.

A huit ans, les deuxièmes mitoyennes sont rasées

en partie ; à neuf ans, elles sont rasées complétement.

A dix ans, toutes les incisives sont rasées.

Après cet âge on n'a plus que les cornes pour connaître l'âge ; on prétend que ces appendices poussent un cerceau tous les deux ans ; ces indications sont incertaines.

§ II. *Concordances des qualités de ces races diverses, avec la nature du sol qu'elles doivent cultiver.* — « D'après l'ordre établi par la nature, chaque sol, chaque zone voit se produire telle race d'animaux, qui, par leur conformation, leur caractère particulier, concordent parfaitement avec le lieu qu'ils habitent (Moll.). »

Chacune des races qui existent dans le Département réunit-elle cette série de formes si bien appropriées aux exigences du sol, qui, on le sait, varie de la terre la plus forte à la plus meuble, mais toujours exige un travail pénible et soutenu ?

Assez forts, nos bœufs résistent très-bien à la fatigue, soit pour ouvrir des guérets, soit même, si l'on veut, pour traîner des fardeaux ; mais dans toutes les contrées nous ne remarquons pas sur les animaux la même corpulence, la même conformation, la même robe.

Plus le sol est fécond, plus il est herbeux, et plus aussi il est favorable à l'accroissement des animaux. Là où l'agriculture est facile, avancée, on trouve un bétail d'un entretien aisé, très-apte au travail et à l'engraissement, tels sont les animaux que l'on élève à Valence, Moissac, Castelsarrasin, Montauban.

Si nous parcourons les coteaux, qui donnent des fourrages en moindre quantité, mais de bonne qualité, nous trouverons des animaux peut-être plus petits que les précédents, mais tout aussi bien conformés, capables de suffire aux travaux les plus pénibles, et de s'engraisser ensuite très-facilement : tels sont les bœufs élevés à Lavit, Beaumont, Le Bourg, Montaigu, Lauzerte, Molières, Montpezat, Caussade, Caylus, Saint-Antonin et Parizot.

Chacun de ces animaux est bien approprié au sol qu'il doit exploiter. Le bœuf de la vallée, de la plaine trouve dans ces régions d'abondants fourrages et un travail approprié à sa nature, tandis qu'il se trouverait mal à l'aise sur les coteaux, où il ne pourrait suffire à l'exigence de son appétit, à un travail plus rude, et réciproquement le bœuf du coteau, sobre par sa nature, éprouverait un contre-coup sensible de l'abondance du régime et du genre de travail que l'on exigerait de lui.

Observons en passant que nos bœufs vivent dans la société de leur maître, et que, au travail, ces animaux trouvent chez le conducteur des soins dignes d'éloges, mais un peu trop de ménagements.

§ III. *Quelles sont les qualités les plus désirables à rechercher sur le bétail.* — *a.* La première qualité que doit posséder l'animal, c'est la taille. Un animal de taille élevée accomplit mieux sa tâche au travail, à la boucherie ; sa fibre musculaire est moins sèche, sa viande est plus estimée, plus délicate, plus agréable à la bouche ; et, chose bien digne d'être prise en considération, c'est que le bœuf grand en taille et bien conformé, consomme moins, proportionnellement à son poids, que le bœuf de petite taille (1).

b. La seconde qualité à rechercher, c'est la conformation. En exigeant du bœuf les formes que nous avons indiquées dans le paragraphe précédent, nous aurons un animal ayant cette faculté de travailler facilement, et de prendre ensuite tout aussi aisément la graisse.

Car une aptitude n'exclut pas absolument l'autre, nous rapporte Magne ; une poitrine ample, des cuisses et des épaules pourvues de muscles longs et volumineux, des organes digestifs et pulmonaires fonctionnant bien, sont des qualités exactement identiques et très-favorables au bœuf de travail et au bœuf de boucherie. La légèreté des formes, celle du squelette même ne saurait être un inconvénient pour le bœuf destiné à labourer le sol (2), de même que la rudesse du poil de la peau ne peut nuire au développement de

(1) On explique ce fait, dit le professeur Alibert, par le refroidissement des corps. Les grands animaux, à cause de leur volume, se refroidissent moins rapidement que les petits ; leur respiration n'a pas besoin d'avoir la même activité pour maintenir le corps au degré de température qu'il doit avoir ; c'est à cette cause que les animaux mal conformés, grands, étroits de poitrine, consomment plus que ceux qui sont épais, cylindriques, parce qu'ils ont une grande surface relativement à leur poids. C'est à cette cause aussi que les animaux bien couverts, bien logés, consomment moins et engraissent mieux.

(2) Le cheval arabe, le chien levrier, si disposés à la course ou des marches soutenues, ont des os très-fins (Magne).

la graisse (1). Faisons observer toutefois que l'on doit éviter de faire travailler et engraisser en même temps le bœuf, de l'épuiser, d'user complétement ses organes, avant de le soumettre à l'engraissement.

c. Le tempérament sera aussi l'objet de notre attention. Le bœuf d'un tempérament sanguin, dit encore Magne, possède des formes harmonieuses, des contours arrondis, sans empâtement, il jouit d'une circulation forte, énergique, il est aussi bon pour le travail qu'il est disposé à prendre la graisse, et à donner une viande fine et entrelardée.

§ IV. *Principes d'amélioration du bétail ; 1° régime, hygiène ; 2° génération, appareillement, croisement, sélection.* — On entend par amélioration des animaux l'art d'obtenir des sujets bien conformés. On y parvient : 1° à l'aide du régime, de l'hygiène, et 2° par la génération, l'appareillement, le croisement, la sélection (Lafore).

1° *a.* Amélioration par le régime, l'hygiène. La vache sera saillie à 3 ans. Le rut dure deux ou trois heures, rarement douze. On connaît que la femelle désire le mâle par ses mugissements et sa persistance à monter sur les autres vaches.

Pendant la gestation, cette femelle doit être traitée avec ménagement, travailler modérément, recevoir une bonne nourriture, sans excès ; on évitera de lui donner la boisson trop froide, et de lui servir le

---

(1) Les races de Salers, d'Aubrac, travaillent bien et sont douées d'une disposition très-marquée à l'engraissement.

fourrage mouillé par la pluie ou la rosée ; elle sera dispensée enfin de tout travail un mois avant la parturition.

On connaît que la vache veut mettre bas à ses mouvements insolites ; elle se couche, se relève souvent, fait des efforts ; à ce moment on voit un liquide glaireux s'écouler de la vulve, puis une certaine quantité de liquide jaunâtre, et enfin, lorsque la parturition a lieu dans de conditions normales, les deux jambes de devant et le bout du nez du fœtus se présentent à l'orifice de la vulve. Si le part s'accomplit dans de conditions différentes, on demandera l'assistance d'un homme de l'art.

Cinq ou six heures après la mise-bas, la vache se débarrasse de l'arrière-faix, quelquefois immédiatement ; mais il peut arriver que ces enveloppes ne se détachent pas d'elles-mêmes. Dans ce cas, le vétérinaire seul peut les extraire.

Immédiatement après la mise-bas, on couvre la bête, et on l'invite à se tenir droite, d'abord pour qu'elle puisse lécher son petit, et afin d'éviter ensuite le renversement de l'utérus *(bédellièro)*.

On liera le cordon ombilical du nouveau-né, ras la peau, bien qu'il ait déjà été déchiré ou coupé.

Nous recommandons de faire téter le premier lait de la mère au jeune veau. Ce lait, visqueux, jaunâtre, a la propriété de purger et débarrasser les intestins du nouveau-né d'une matière noire désignée sous le nom de *colostrum*.

Si, par des circonstances que l'on ne peut prévoir,

le nourrisson ne pouvait prendre ce premier lait, on
lui donnerait 90 grammes d'huile d'amandes douces
délayée dans trois jaunes d'œufs, le tout incorporé
dans un demi-litre d'eau tiède. Dans l'un et l'autre
cas, on donnera toujours au nouveau-né, pendant les
cinq ou six heures qui suivront la naissance, des lavements avec de l'eau de savon, et on introduira le doigt
dans le *rectum*, pour dégager cette partie d'intestins
de certaines matières dures, sous forme de boules,
qui tendent à obstruer le passage.

Plus tard, quelques vers (des strongles, des asca-
rides) incommodent quelquefois les jeunes animaux ;
on leur donne alors une décoction de racines de gre-
nadier.

b. La mère nourrice allaitera son veau pendant six
mois : « C'est pendant l'enfance, dit Magne, que l'on
pose les bases de la force, de la vigueur, et que l'on
obtient de larges poitrines, conditions essentielles
pour toutes les aptitudes. »

c. Après le sevrage, on donnera à l'élève une bonne
nourriture : « Ce moment de la vie influe considérablement sur l'avenir des animaux. C'est l'alimentation
qui modifie l'économie animale ; c'est par elle que l'on
change non-seulement les individus, mais les races,
es espèces même. La nourriture a une telle action,
qu'elle agit même sur les descendants. Mieux vaut
nourrir un animal unique que d'en mal nourrir deux
(MOLL). » La même quantité de fourrages consommée
par deux animaux donne plus de produit que si elle
était consommée par quatre et même par six têtes.

d. Des soins et un bon traitement conservent la santé et améliorent les animaux : « Si l'on apportait à l'élevage du bœuf, dit Thaër, l'attention que l'on accorde au cheval, on pousserait très-loin leur perfectionnement.

e. Le veau, après avoir été bistourné (1) à six mois au plus tard, sera dressé à trois ans ; pour compagnon, on lui donnera un bœuf fait au travail, et, après lui avoir mis quelquefois le joug à l'étable, on le promènera ; puis il sera attelé à une charrette, et enfin à la charrue. Le travail sera toujours modéré pendant et quelque temps après le dressage.

Ainsi que nous l'avons fait observer en parlant des aptitudes du bœuf de boucherie, cet animal sera livré à l'engraissement à l'âge de huit à dix ans. Cette opération est trop bien dirigée par nos propriétaires pour qu'il soit utile d'indiquer les règles à suivre dans cette circonstance.

f. La peau du bœuf est pourvue de pores très-lâches d'un poil très-épais ; plus que tout autre, cet animal a besoin d'être débarrassé de la poussière qui l'incommode.

g. Les fourrages seront rationnés selon la taille, l'âge, le tempérament de l'individu ; on tiendra compte aussi, au moment du pansage, de la voracité de l'un et du défaut d'appétence de l'autre.

h. Un air pur est de première nécessité pour l'exis-

____

(1) La castration par enlèvement de testicules est une porte ouverte à la mort.

tence de l'animal. A cet effet, l'étable doit être grande, large, spacieuse, garnie de nombreuses ouvertures, les unes au Nord, les autres au Midi.

i. Pour tout dire sur l'hygiène, à l'étable on tiendra constamment l'animal dans une position horizontale, c'est-à-dire que le train de derrière sera sur le même plan que le train antérieur (1).

Ne quittons pas ce que nous avions à dire sur la conservation du bœuf sans parler d'un autre ordre de faits non moins utiles pour garantir cet animal d'une mort certaine ou d'accidents graves.

a. Le ruminant avale sans mâcher; de cette imperfection dans la mastication, il n'est pas rare de voir un tubercule, un fruit, une racine irrégulièrement coupée, s'arrêter dans l'arrière-bouche. L'animal alors se livre à de violents efforts pour se débarrasser de ce corps étranger qui le gêne; il avale en même temps une grande quantité d'air, se gonfle, se ballonne, au point qu'il est sur le point de mourir suffoqué.

Dans ces circonstances, il n'y a pas à hésiter : sur le *côté gauche*, à la partie la plus élevée, un peu à côté

---

(1) On ne se rend pas suffisamment compte des tortures que l'on inflige à ces animaux en les forçant de placer leurs pieds de devant sur ces madriers en bois hauts de 40 à 50 centimètres qui se trouvent à la base de la mangeoire, et que l'on désigne sous le nom de *marchepied*. Cette position inclinée détermine sur tous nos animaux des déviations de la colonne vertébrale ou des efforts graves sur les jarrets. De plus, chez les femelles, toutes les affections vaginales ou utérines n'ont pas d'autres causes. (Voir notre Mémoire : *Recueil agronomique de Tarn-et-Garonne,* t. XXXVII).

des reins, on fait une large ouverture à l'aide d'un couteau que l'on enfonce jusqu'au manche. On attendra ainsi sans danger l'arrivée du vétérinaire.

b. Cette opération, très-simple, sans danger, appelée *ponction du rumen* ou *de la panse*, se pratique aussi lorsque le bœuf, après avoir pacagé dans une luzernière, se météorise, se gonfle. Observons que, dans ce cas, la météorisation arrive bien que le bœuf ait mangé ou non à l'étable; c'est dire qu'il faut s'abstenir de leur faire pacager cette plante.

c. Aussitôt qu'un animal a reçu un coup de corne de son pareil, il se forme une grosse tumeur; on doit appliquer aussitôt, et pendant longtemps, des compresses avec des étoupes ou des chiffons imbibés d'eau froide salée.

d. On voit souvent des boiteries devenir très-graves par la négligence des conducteurs. Dès qu'une boiterie se déclare, soit qu'elle reconnaisse pour cause la présence d'un petit caillou engagé dans la sole du pied, soit qu'elle soit la conséquence d'un clou, d'un chicot, d'un tesson, on doit s'empresser de faire ferrer le bœuf, malgré que la boiterie ait cessé, à la suite de l'extraction du corps étranger.

e. Au début enfin d'une maladie, que l'on se garde bien de servir au bœuf un de ces breuvages, panacée universelle à tous les maux, composés de vin chaud et d'orviétan. Que l'on se borne à couvrir l'animal, le bouchonner vivement, lui donner des boissons chaudes tenant en suspension une farine quelconque (de blé, par exemple) et quelques lavements avec du son.

L'homme de l'art viendra ensuite compléter ce traitement.

2° *Amélioration par la génération.* — *Appareillement, croisement, sélection.* — *a.* L'appareillement consiste à importer quelques couples destinés à propager une nouvelle espèce dans une contrée. Nos bœufs satisfont assez aux besoins locaux pour nous dispenser de ce mode d'amélioration.

b. Dans le croisement, on mélange deux races différentes dans le but de fonder une race dans une autre. On continue jusqu'à ce que les produits présentent une similitude parfaite avec la race amélioratrice, et qu'elle soit assez fixe pour que, employés seuls, les métis ne donnent pas lieu à ce qu'on appelle des *pas en arrière.*

Aujourd'hui, l'expérience semble avoir démontré que, comme pour l'appareillement, notre espèce bovine ne mérite pas qu'on lui inflige ces diverses infusions de sang.

c. Nous procéderons donc à l'amélioration de nos diverses races bovines par sélection ; c'est, d'ailleurs, le mode de perfectionnement le plus sûr, le plus rationnel, bien qu'on lui reproche d'agir lentement, et de favoriser quelquefois l'accouplement d'individus du même sang.

Tous les animaux donc de l'espèce bovine que nous trouvons dans le Tarn-et-Garonne peuvent, sans difficulté aucune, se suffire à eux-mêmes et être améliorés par sélection, à la condition de balancer toujours les imperfections de l'un par les perfections de l'autre (1) ; de choisir enfin *les mâles les plus anciens*, les plus vigoureux, car le père donne les formes, les qualités, l'aptitude au travail, à l'engraissement, la faculté laitière, tandis que la femelle ne donne que la taille.

Ne perdons pas de vue que le succès de tout perfectionnement repose sur l'abondance de la nourriture : cette condition est indispensable.

§ V. *Accouplement dans la même famille.* — Nous venons de dire qu'il faut éviter l'accouplement d'individus du même sang ; nous tenons cette pratique comme très-funeste, et voici pourquoi :

Les animaux ne répugnent pas, il est vrai, de s'allier entre parents rapprochés ; ainsi, on peut unir le père avec la fille, le frère avec la sœur, mais ce mode de propagation, tant vanté par bon nombre d'éleveurs français, et par les Anglais notamment, qui désignent ce mode d'accouplement par ces mots : *in and in* (dans et dans), ne saurait être appliqué à nos espèces bovines, auxquelles nous demandons la force, l'énergie, le travail avant tout.

Ces unions, qualifiées d'incestueuses par Buffon, et que Varon avait blâmé aussi bien avant ce naturaliste, donnent des produits si débiles, si faibles, qu'ils sont vieux à l'âge où ceux de leur espèce sont à peine développés ; leur squelette est petit, les tendons grêles, les chairs molles et flasques.

(1) A vouloir corriger simultanément tous les défauts, si surtout la différence est trop grande, la fusion sera impossible, dangereuse même (Eug. GAYOT).

S'il s'agissait de créer des animaux précoces et de boucherie (1), la consanguinéité pourrait être un moyen d'arriver à ce résultat, et encore pourrait-on se permettre d'employer cet accouplement une fois, deux au plus, sous peine d'obtenir des animaux petits, sans force, rabougris, impropres même à la reproduction (2).

On a invoqué en faveur de la consanguinéité qu'un vice ne pouvait provenir de deux individus également bien conformés. Ce raisonnement, incontestable pour des individus issus de parents étrangers, ne saurait être une preuve en faveur de la consanguinéité (3). Nous croyons donc très-sage, pour nous qui voulons des animaux travailleurs, de nous abstenir de ce mode de reproduction.

(1) Les *Beckwel*, les *Colling*, les *Culley*, *Young* et *Hunt* n'ont créé que des races de boucherie (GROGNIER).

(2) Les frères *Bussigny* ont perdu entièrement un bon troupeau de vaches en faisant propager entre eux des sujets de la même famille *(loco citato)*.

(3) La consanguinéité a détruit l'un des plus anciens haras de l'Angleterre, dit le *Bulletin des haras*. Quels rejetons impurs ne sortent pas de ces unions des grands qui, craignant de se mésallier, s'allient entre eux! (GROGNIER).

CHAPITRE XV

ESPÈCE OVINE

Races ovines du département de Tarn-et-Garonne. — Conformation de l'espèce. — Principes d'élevage et d'entretien. — Mode de propagation de l'espèce : sélection, croisement.

§ I. *Races ovines du Département.* — Le département de Tarn-et-Garonne possède des variétés diverses et non plusieurs races de moutons ; les uns sont le produit d'une alliance avec ceux des départements limitrophes, les autres sont indigènes, quelques-uns sont importés.

C'est ainsi que dans le Nord-Est, l'extrémité Est exceptée, à Montpezat, Molières, Caussade, Caylus, Saint-Antonin, ce mouton qui est caractérisé par une taille élevée, des formes développées, une encolure longue, une tête forte, légè rement busquée, des cuisses maigres, une toison commune, longue, s'étendant peu sous le ventre, sur les membres, l'encolure, prend le nom de *mouton du Causse*, et est indigène.

Vers le Nord-Ouest, à Bourg-de-Visa, Montaigu, Lauzerte, le mouton, produit d'un appareillement bien entendu, est grand, bien fait de corps, avec des lombes larges, des cuisses charnues, des jambes un peu élevées, mais fortes, une poitrine médiocrement profonde, une tête effilée, busquée, des oreilles petites, une toison courte, grossière, tantôt blanche, tantôt brune : il est reproduit par sélection.

Dans le Sud-Ouest, à Valence, Auvillar, Saint-Nicolas, Lavit, Beaumont, Castelsarrasin, on trouve cette belle famille ovine bien conformée, tantôt importée de Mauvesin, Lectoure, Saint-Clar, tantôt élevée dans le pays, que l'on reconnaît à sa taille moyenne, à ses membres forts, ses reins larges, sa poitrine ouverte, ses cuisses charnues, sa tête fine, courte.

Dans le Sud-Est, à Nègrepelisse, Monclar, Villebrumier ; le centre, une partie de Montauban, et à l'extrémité, à Grisolles, Verdun, Montech, on trouve un mouton remarquable par son corps, la finesse de la toison, toujours blanche, et presque toujours originaire de Villefranche-de-Lauraguais.

§ II. *Conformation de l'espèce ovine.* — Le propriétaire qui élève et entretient le mouton se propose de retirer de cet animal beaucoup de viande et une belle laine. Malheureusement, ces deux aptitudes sont très-difficiles à obtenir sur le même sujet (1).

Afin d'obtenir ce résultat dans la mesure du possible, on prendra parmi les reproducteurs ceux qui

---

(1) Le *Rambouillet-Mauchamp*, les métis *charmoise*, et, de nos jours, le croisement obtenu par MM. Garnot et Vuaflard-Oudin, donnent beaucoup de viande et une laine très-fine, tandis que, dans les races anglaises de boucherie, le *dishley*, le *new-kent*, le *southdwon* donnent une laine très-commune et très-grossière.

sont les plus aptes à diminuer le squelette et toutes les parties inutiles, telles que la tête, le cou, les jambes ; ceux qui, par la qualité de la laine, sont capables de donner à ce produit plus de finesse, plus de poids, plus de tassé.

On mettra un terme à la promiscuité des sexes. A la femelle, nous demanderons des cuisses écartées, des reins larges et de grosses mamelles.

Quant au choix du mouton, nous prendrons celui qui aura la tête petite avec ou sans cornes, la ganache bien dévidée, l'œil vif, les veines de l'œil rouges, le mufle humide, la bouche vermeille, la langue sans taches brunes, les épaules fortes, les reins droits, les gigots bien développés, les jarrets secs, le ventre rond, la poitrine large, profonde, la peau souple et la laine longue, blanche, tassée, à brin soyeux et fin.

§ III. *Principes d'élevage et d'entretien.* — Nous reconnaîtrons l'âge du mouton sur les dents. Cet animal possède huit dents à la mâchoire inférieure, et sont soumises aux mêmes évolutions que celles du bœuf.

De dix-huit mois à deux ans, on livrera le bélier à la lutte, jamais en liberté, en lui donnant seulement de vingt-cinq à trente brebis. C'est à deux ans, et en août ou septembre, que l'agnelle peut être saillie.

La brebis porte de cent quarante-trois à cent cinquante-six jours. Pendant la gestation, cette femelle sera à l'abri de toute commotion ; on évitera les coups, les heurts, et elle recevra une bonne nourriture.

Au moment de la mise-bas, la brebis sera placée à

part, dans une loge spéciale réservée aux mères nourrices.

A un mois, on donnera à l'agneau un peu de foin, des farineux ; à quatre mois, on le sévrera, et de neuf à dix mois on le bistournera.

Pendant le cours de l'année, on peut faire pacager les moutons ; mais en hiver, lorsque le temps est humide, pluvieux, froid, on doit les laisser à la bergerie, leur donner du fourrage, des racines et un peu de paille.

On engraisse les agneaux en les laissant à l'étable et en aidant l'allaitement par des farines de fèves, de maïs, de pois, mélangées avec du son, données à la mère et au petit.

Pour engraisser le mouton, on le conduira au pâturage, et puis on donnera trois fois par jour du fourrage, du grain entier et en farine. Aussitôt qu'il sera gras, on s'empressera de le vendre.

A moins de circonstances exceptionnelles, on se gardera de faire parquer le mouton ; cette pratique nuit essentiellement à sa santé.

Le mouton est sujet à une maladie meurtrière pour lui : la *cachexie* ou *pourriture (gamadure)*. On évitera cette affection en donnant, tous les matins, une petite ration de sel incorporé dans du son mouillé légèrement, en évitant de les conduire dans des lieux bas, humides, de les sortir en hiver pendant les jours de pluie, et surtout en leur donnant une bonne nourriture, pendant la mauvaise saison principalement.

La *clavelée* (picotte) sévit aussi très-souvent sur ces

animaux. Aussitôt que le troupeau commencera d'être attaqué, on se hâtera d'isoler les malades, et de faire inoculer les autres.

Comme le bœuf, ce ruminant peut se météoriser; on usera des mêmes procédés que nous avons indiqués pour le bœuf.

§ IV. *Mode de propagation de l'espèce : sélection, croisement.* — Notre espèce ovine, indigène ou alliée avec les béliers des espèces voisines, possède des qualités qu'un animal de race anglaise pure ou croisée détruirait difficilement (1), parce que notre système cultural ne nous permet pas encore de nourrir assez abondamment cette classe d'animaux; et puis ce mode d'amélioration éprouverait un obstacle : l'acclimatation des sujets importés.

« Lorsqu'on brise cette harmonie qui existe entre les êtres vivants et les localités où ils vivent et se reproduisent, une lutte s'établit entre les forces organiques et les modificateurs naturels; alors on voit, sur les êtres dépaysés, un dépérissement occasionné par les diverses influences organiques (BAUDEMENT). »

Notre mouton ne gagnerait rien, ne produirait rien, si ce n'est peut-être des imperfections provenant d'un croisement intempestif.

Si cependant, après avoir opéré par sélection, on

(1) Sans doute, les beaux produits Rambouillet-Mauchamp, les métis de la Charmoise et autres n'ont eu d'autre origine que le croisement; mais pouvons-nous espérer de chacun cet esprit de suite? pouvons-nous, avec les ressources dont nous disposons, prétendre à de pareils succès ?

parvenait à obtenir des sujets beaux de forme et de lainage ; s'il nous était donné de nourrir plus abondamment ces animaux, et comme nous n'exigeons d'eux aucun travail, alors nous pourrions nous permettre un croisement, en se conformant aux règles suivantes :

Après avoir fait choix de brebis femelles du pays se distinguant par la finesse de la laine, la régularité de leur conformation, on les livrera à la lutte du bélier étranger pour obtenir des produits demi-sang. Ce croisement sera continué jusqu'à ce qu'on obtienne des individus possédant trois quarts de sang. Parvenus à ce degré de métissage, il sera prudent de retourner tantôt au demi-sang, tantôt au pur sang de l'une ou l'autre souche, car les métis provenant de races différentes ont peu de constance : ils *jouent beaucoup*.

Dans nos vallées, partout où la nourriture ne fera pas défaut, nous pourrons créer par le croisement des sujets demi-sang ; dans les sols ingrats, peu fertiles, montagneux, nous maintiendrons le croisement à un quart de sang étranger et trois quarts de sang indigène, afin d'obtenir des animaux sobres, rustiques, avec quelques formes des races perfectionnées.

Il ne sera pas nécessaire de prendre un grand nombre de types pour perfectionner notre race ovine.

Sans doute, tous les moutons à laine longue de l'Angleterre, les Dishley, les Leicester, les New-Leicester (1), les New-Kent, sont très-aptes à faire déve-

_____

(1) Sachons que ces trois moutons ne constituent qu'une seule et unique famille.

lopper rapidement le corps de notre espèce ovine ; de
même que les moutons à laine fine de l'Espagne, ceux
à laine douce de la Saxe, de l'Australie, sont très-
appropriés à modifier la laine. Mais, aujourd'hui,
grâce à la savante initiative de quelques éleveurs
français, nous possédons des métis assez anciens,
chez lesquels nous trouverons réunies toutes les qualités. Ainsi le métis anglo-mérinos, le métis anglo-
français, ou mieux encore le Rambouillet-Mauchamp
seront ceux auxquels nous donnerons la préférence (1).

Nous croiserons le mouton de Molières, Montpezat,
Saint-Antonin, Caylus, Caussade, avec le Rambouillet-
Mauchamp. Ce reproducteur, par son origine, sa conformation, jouit de la faculté d'alléger les os, de raccourcir le cou, la tête ; de modifier tout le train antérieur, d'arrondir le ventre, d'élargir les reins, les
cuisses, et de communiquer à la laine plus de finesse,
de rendre le brin plus soyeux, plus élastique.

A cette belle espèce ovine que nous possédons dans
le Sud, Sud-Ouest, le Centre, à Grisolles, Verdun,
Valence, Moissac, Castelsarrasin, Montauban, nous
infuserons le sang du métis mérinos-anglais ou le
Rambouillet-Mauchamp ; ces types s'allieront très-

____

(1) Le métis anglo-mérinos est issu d'un bélier dishley avec la brebis
mérine ; le métis anglo-français est engendré par un père anglo-mérinos et
une brebis française ; et le Rambouillet-Mauchamp est le produit d'une
alliance du mouton à laine soyeuse de Mauchamp avec le métis anglo-
français. Ivart, producteur de ce métis, est parvenu à adoucir la laine du
mouton anglo-français, et à allonger celle du mérinos.

bien avec le corps si bien fait, la toison assez belle des nombreux sujets qui peuplent ces cantons.

Pour le mouton élevé dans le Sud-Est, Villebrumier, Monclar, Nègrepelisse, le croisement aura lieu avec le mérinos pur, à l'exclusion du sang anglais.

On reproche bien au mouton mérinos d'avoir la tête grosse, des cornes fortes, une ossature prononcée, d'être même mal conformé; mais, sobre avant tout, cet animal possède une toison fine. Il a, en outre, l'avantage d'être en rapport avec les conditions d'élevage du pays. Par ces motifs, en faisant choix de sujets indigènes bien conformés, chez lesquels la laine sera plus ondulée, nous arriverons à créer dans cette zone de très-beaux produits.

A la brebis du Nord-Ouest, à Bourg, Montaigu, Lauzerte et Lafrançaise, nous n'hésiterons pas à donner l'étalon que nous avons choisi pour le Sud-Sud-Ouest : le beau bélier Rambouillet-Mauchamp.

On aurait tort d'accorder aux types perfectionnés la faculté de donner la santé, la précocité.

La santé se maintient bien mieux par l'hygiène que par l'effet du croisement; comme dans la sélection, le régime remplit le principal rôle (MAGNE).

La précocité se développe quand on distribue pendant le jeune âge, et longtemps ensuite, d'abondantes rations de fourrages ou de grains.

Si les races étrangères peuvent être utilement employées pour le croisement, gardons-nous bien de les élever à l'état de pureté. Bien inférieures souvent à nos espèces pour la laine, très-exigeantes pour la nourriture, manquant de rusticité, ces races seraient une charge dans nos contrées.

Tel est le mouton southwon. Cet animal, beau par l'harmonie de ses formes, s'acclimatera difficilement chez nous, où il ne trouvera ni le climat ni les pâturages de son pays. Ce mouton, très-exigeant pour sa nourriture, supporte difficilement les longues courses; sa laine courte, rude, peu élastique, ne saurait convenir d'ailleurs à nos éleveurs.

Nous savons bien que ce mouton, sur l'étal du boucher, est d'un goût exquis et savoureux, mais la viande et les gigots de notre mouton, bien engraissé, sont aussi bons, aussi délicats.

CHAPITRE XVI

ESPÈCE PORCINE

Races porcines du pays. — Avantages, inconvénients de l'entretien de ce porc. — Mode d'amélioration par le croisement des races étrangères. — Races étrangères propres à l'amélioration de notre espèce locale. — Élevage, hygiène, principales maladies du porc.

Le porc est, de tous les animaux, un des plus utiles, et pour nous, habitants du Midi, le plus nécessaire.

« La gent porcine, nous rapporte Ad. Bénion, mérite à tous égards les soins dont on peut l'environner ; chacun connaît la place importante qu'elle occupe dans l'économie rurale et dans l'alimentation. »

§ Ier. *Races porcines du pays.* — L'espèce porcine élevée dans le Département a pour origine cette grande famille Périgourdine ou Angoumoise élevée dans le centre de la France. Pure et sans mélange de sang étranger, cette classe d'animaux se fait remarquer par un corps mince, des jambes hautes, une tête forte, allongée, des oreilles amples et pendantes, un dos saillant, voûté en contre-haut, un cou grêle, long, des épaules serrées, une poitrine étroite, et une charpente osseuse très-prononcée. Ici l'espèce est noire, là elle est blanche, tantôt sanglée de noir sur un fond blanc, tantôt sanglée de blanc sur un fond noir ; ailleurs elle est grande, tandis qu'elle est petite dans d'autres contrées. Selon les conditions d'élevage, ou selon le préjugé local, on donne la préférence à tel pelage, à telle conformation. Tous ces animaux, de taille et de robe différente, ne constituent qu'une seule et unique race.

§ II. *Avantages et inconvénients de l'entretien de ce porc.* — Robuste, exempt presque de maladie, notre porc s'engraisse passablement ; sa viande est savoureuse, sa graisse de bonne qualité ; le lard, les jambons sont très-estimés et très-utiles à nos populations agricoles, chez lesquelles le porc salé est une ressource précieuse. Cet animal, en outre, est bon marcheur même après l'engraissement, il est très-prolifique, et la femelle est bonne nourrice ; seulement il est peu précoce ; pourvu d'une ossature beaucoup trop lourde, il consomme trop de nourriture, eu égard au rendement de la viande.

Si d'un côté donc, notre porc offre des avantages, de l'autre, sa conformation et son aptitude à prendre la graisse laissent à désirer. Il est par conséquent de notre devoir de corriger ces défauts, afin d'obtenir plus de produits avec moins de dépenses, et conserver notamment, chez cet animal, cette faculté locomotrice, si utile et si recherchée par le commerce.

§ III. *Mode d'amélioration par le croisement des races étrangères.* — Comme pour toutes les espèces d'animaux, nous pourrions améliorer le porc par sélection, ce mode serait le plus sûr, le plus en harmonie avec les lois de la nature ; mais ici ce moyen semble faire exception, parce que nous exigeons de cet animal une qualité unique, l'aptitude à l'engraissement.

Sans doute notre espèce française est très-recommandable (1), mais elle ne constitue, elle aussi, qu'une seule race provenant d'une même origine, variable selon les localités et son mode d'entretien, nous dit un savant zootechnicien.

Nous demanderons, sans hésiter, aux races étrangères, la faculté de donner à notre porc plus de graisse ; nous prendrons les espèces capables de développer le ventre, d'allonger le corps, de donner plus de rectitude à la colonne vertébrale, de réduire enfin les parties inutiles, les os, la tête, le cou, les oreilles.

Cependant, bien que ces qualités soient d'une indispensable nécessité, nous éviterons de régénérer complétement notre espèce locale (2), encore moins d'élever des races étrangères pures, des anglaises surtout, qui ont le défaut d'être peu productives et d'être mauvaises nourrices. A cet effet, nous borne-

---

(1) Le porc Limousin est remarquable par la beauté de son corps, le Périgourdin par le développement de ses muscles, l'Agenais par sa taille, le Quercinois par ses formes arrondies, le Landais par sa voracité, l'Angoumois par la finesse de ses tissus, sa taille proportionnée, le Craonais par son aptitude à prendre la graisse, etc., etc.

(2) De là la nécessité d'entretenir quelques sujets indigènes.

rons le métissage à un demi ou trois quarts de sang ; une femelle indigène croisée avec un verrat perfectionné, celui-ci n'ayant qu'une moitié, même un quart de sang, sera la seule alliance que nous mettrons en pratique.

Par ce moyen, les métis seront forts, trapus, bien disposés à l'engraissement, et si on les habitue de bonne heure à courir dans les champs, ils marcheront ensuite très-bien. Si, plus tard, ils sont inférieurs à nos espèces pour la locomotion, c'est que, plus gras, ils seront plus lourds.

N'oublions pas de rappeler que l'on compterait inutilement sur les effets d'une amélioration quelconque, que l'on exposerait des frais sans résultat aucun si, avant tout, on ne s'appliquait à nourrir convenablement ces animaux. Ici, cette condition est d'autant plus absolue qu'elle se rapporte à une classe d'animaux auxquels on demande la viande, et en quantité relativement au poids de leur corps.

§ IV. *Races étrangères propres à l'amélioration de notre espèce locale.* — Les Anglais, les premiers, ont créé des races éminemment disposées à prendre la graisse.

Le porc de *Siam,* le porc *Chinois, Turc, Napolitain,* ont été, tour à tour, employés à l'amélioration de leurs espèces, qui, il faut le dire, étaient très-disgracieuses et très-peu disposées à l'engraissement.

Nous pourrions imiter ces éleveurs, et, à l'aide de ces races primitives, améliorer notre espèce porcine, mais les métis qu'ils sont à même de nous fournir

sont suffisamment travaillés ; ils constituent aujour-
d'hui une race assez fixe pour espérer de ces animaux
un perfectionnement plus rapide, et peut-être plus
certain.

Parmi les types qui sont le mieux appropriés à
opérer ce changement, ceux qui par leurs formes,
leur habitude extérieure, paraissent le mieux appré-
ciés par nos éleveurs, sont : pour nos grandes
espèces, les verrats originaires des comtés d'*Iork*, de
Manchester, et pour les petites, les sujets élevés dans
le *Berkshire*, le *Hampshire* et le *Leicester*.

1° Le porc d'*Iork*, appelé aussi porc de *Lincoln*, est
blanc, a un corps grand, bien proportionné, un dos
horizontal, une côte ronde, une ossature fine, une
croupe musculeuse et des membres courts. Observons que l'on trouve quelquefois des métis issus de la
truie Iork et du porc napolitain, ou du porc chinois,
mais ce produit ne saurait, comme le verrat d'Iork,
améliorer notre espèce.

2° Le porc *Manchester*, issu de la truie de ce comté
avec le porc napolitain, est blanc ; il a le dos large,
de fortes épaules, et une taille moyenne ; cette
espèce donne un lard très-épais, et beaucoup de
viande.

Parmi les petites races, nous choisirons :

1° Le porc *Berkshire*, produit de la truie de ce comté
avec le porc de Siam ou de Naples ; cet animal est
remarquable par la rondeur de son corps : il est gros,
trapu, ses os ont peu de volume, sa tête est petite,
ses oreilles fines, ses jambes courtes, et son pelage

est pie. A cause de l'ancienneté de son origine, ce porc conviendra à l'amélioration de nos espèces noires. Il prend beaucoup de graisse.

2° Le porc *Hampshire*. Cet animal, à part une légère différence dans la taille, qui est plus élevée, ressemble beaucoup au précédent. Allié à nos espèces indigènes, ce reproducteur donnerait au corps beaucoup d'épaisseur, de carrure, sans nuire à la force, à la fécondité de l'espèce ; on aurait à regretter seulement le pelage noir que prendraient les porcelets, vice qui nuit essentiellement à la vente (1).

Et 3° enfin, le porc *Leicester*. Ce porc, blanc, petit, trapu, épais, est très-disposé à l'engraissement. Si on voulait élever une espèce pure, c'est celle qui conviendrait le mieux. Ce porc, remarquons-le bien, ne pourrait servir au perfectionnement de notre espèce que dans le but de se procurer des animaux ayant un quart ou un huitième de sang. Au besoin, on pourrait remplacer le porc *Leicester* par le porc du comté de *Berk* (porc coleshill), qui, lui aussi, est blanc, petit, et bas sur jambes.

Telles sont les espèces porcines régénératrices que nous emprunterons aux Anglais.

Ces animaux, produits d'un croisement continu et

----

(1) Voici comment M. Céris explique cette répulsion : Le pelage noir empêche que les animaux paraissent aussi gros qu'ils le sont réellement, et cela tient à un effet d'optique. Deux cercles égaux, l'un noir, l'autre blanc, le noir placé sur un fond blanc, paraîtra plus petit que le cercle blanc placé sur un fond noir.

persévérant, sont assez bien perfectionnés pour donner de bons types reproducteurs, et communiquer à nos espèces indigènes la faculté de produire beaucoup de viande, un lard très-épais, de la graisse en quantité, et cela avec une nourriture relativement inférieure au rendement.

§ V. *Elevage, hygiène, principales maladies du porc.* — Il faut au porc beaucoup de propreté et beaucoup d'air, c'est dire combien il importe de renouveler souvent sa litière, et de lui donner une loge large, spacieuse, sans plancher supérieur.

On favorisera l'écoulement continu des urines ou autres liquides qui pourraient salir sa couche. En été, on l'engagera à prendre un ou deux bains par jour. Cette pratique est tout aussi favorable à la truie pleine ou nourrice.

Le porc, et la truie principalement, porteront constamment un petit anneau en fil de fer au bout du groing (bouclés), afin de forcer ces animaux au repos.

On accouple le verrat à un an, la truie à huit mois.

La durée de la gestation est de 112 à 114 jours. Le part doit être surveillé, car il arrive souvent que la mère dévore ses petits.

On conduira la truie au verrat après que les porcelets auront été sevrés.

La truie doit être plutôt maigre que grasse, mais lorsqu'elle est nourrice, on doit lui donner une alimentation beaucoup plus copieuse.

Terminons par dire que le moment de l'engraisse-ment étant arrivé, on doit servir largement la nour-riture, la prodiguer même ; une ration moyenne entretient seulement l'embonpoint, sans provoquer la formation de la graisse.

Notre porc est rarement indisposé, avons-nous dit, mais on aurait tort de croire qu'il n'est jamais malade.

Certaines affections, que l'on néglige beaucoup trop de soigner, attaquent et compromettent la vie de cet animal (1).

a. Le coryza, connu par la gêne de la respiration qu'éprouve l'animal, la présence d'un jetage plus ou moins épais aux orifices des naseaux, et la précau-tion que prend le malade de frotter son groing contre un corps dur.

En mettant une fois par jour sous la gorge une légère couche de pâte de *térébentine* dans laquelle on incorporera un cinquième d'*huile de cadde,* on fera avorter la maladie.

Si le mal persiste, on donnera de deux jours l'un, dans des boissons de *bourraches,* de *mauves,* 30 centi-grammes d'*émétique.*

b. La *soie* est une maladie assez rare. Elle se caractérise par un enfoncement de quelques faisceaux

---

(1) Loin de nous la pensée d'empiéter sur des droits légitimes ; notre intention se borne à donner des conseils simples et prélimi-naires.

de poils allant comprimer les régions de la gorge au point de gêner la respiration, la déglutition.

Une opération seule, confiée aux soins d'un vétérinaire, peut débarrasser l'animal de cet accident.

c. Le porc souffre d'une température trop élevée, aussi cherche-t-il à se vautrer dans la première fange qu'il trouve à sa portée ; tantôt encore le froid réagit trop vivement sur son corps, au sortir de sa loge principalement ; de là ces maladies de poitrine, désignées sous le nom de *bronchite, pneumonie, pleurésie.*

Aussitôt que l'animal fera entendre quelques quintes de toux, on donnera trois fois par jour de la tisane de *bourraches,* dans laquelle on délayera un bol composé ainsi : kermès, 2 grammes, térébentine, un gramme, baies de genièvre pulv., 2 grammes, miel, suffisante quantité.

Si l'animal devenait froid, s'il avait des tremblements, des coliques, s'il ne mangeait pas, si ses oreilles étaient tantôt froides, tantôt chaudes, on pratiquerait une saignée sous la queue, on mettrait un cataplasme de farine de moutarde (de 500 à 800 grammes) sous la poitrine, derrière les jambes de devant, et avec la tisane d'orge on donnerait, matin et soir, sel de nitre et kermès, de chaque 2 grammes. Deux lavements par jour, avec de l'eau de savon, compléteraient cette première médication.

d. La dyssenterie se connaît à l'excrétion douloureuse des matières excrémentitielles, quelquefois sanguinolentes. Les logements insalubres, l'usage d'aliments moisis, avariés, provoquent ces accidents.

Au début, on fait une petite saignée à la queue ou aux oreilles, on donne des lavements avec l'eau de graine de lin, on applique des *sinapismes* sous le ventre, et on calme la soif qui dévore ces animaux en donnant des bouillons légers, faits avec la moitié d'une *tête de mouton*, dans lesquels entreront *deux pavots* et 3 grammes de *sel de nitre* par litre de cette boisson.

e. Le jeune porc est sujet à une *paralysie des reins*. Dans cette affection, l'animal se traîne sur ses fesses, et le train postérieur est presque dépourvu de sensibilité.

On frictionnera les reins avec une pommade composée de : *tartre stibié*, 5 grammes, *axonge*, 30 grammes, et on secondera les effets de cette médication extérieure en donnant quelques lavements *d'assafœtida*, et tous les quatre jours un purgatif, 50 grammes de *sulfate de magnésie*, par exemple.

f. On trouve fréquemment des porcs qui rapprochent les membres sous le centre de gravité ; ils piétinent en faisant entendre des grognements plaintifs ; ces signes indiquent que l'animal est atteint d'un rhumatisme, appelé *arthrite aiguë*.

La propreté, des boissons de *tilleul* contenant cinq centigrammes *d'émétique*, des lavements avec *l'assafœtida*, et des bandages avec le blanc *d'œuf* et *l'alun de roche* autour des jointures des membres, sont les moyens à employer pour modifier cet état anormal.

g. La *variole*, ou *petite-vérole*, *picotte*, heureusement fort rare dans notre pays, doit nous occuper médiocrement. Cependant cette maladie est souvent mortelle. On tiendra les animaux dans un état parfait de propreté, on donnera des boissons farineuses, et on les laissera dans leur loge jusqu'à guérison complète.

h. Le mal rouge, *érisipèle*. Dans cette maladie, le porc est sous le coup d'une fièvre intense, il ne mange plus, et bientôt apparaissent sur la peau des phlyctènes rouges, violacées et très-douloureuses.

Cette maladie est très-grave. Au début, on pratiquera une saignée, on donnera des boissons farineuses, avec du *quinquina*, du *vin*, du *camphre*, à très-petites doses ; on aura soin aussi de faire des mouchetures, et de lotionner légèrement les plaies avec l'*ammoniaque* pure.

i. La gale attaque quelquefois le porc ; cette maladie se caractérise par l'éruption sur la peau de vésicules prurigineuses, dans lesquelles se trouvent des animalcules microscopiques, connus sous le nom de *sarcoptes*.

La gale est fort rare, et aussi peu grave. On la guérit en frottant le malade avec un mélange de *savon vert*, 50 grammes, et acide phénique liquide, 4 grammes ; ou bien au moyen de la composition suivante : après avoir vidé le blanc d'un œuf, on le remplace par autant de fleur de soufre ; on fait calciner le tout sur des charbons ardents, et on triture dans un mortier, en ajoutant la quantité d'huile d'olive nécessaire pour donner à cette mixture une consistance mi-molle.

j. On trouve beaucoup trop communément, sous la peau du porc, dans les interstices musculaires, sur le foie, sur l'estomac et sur d'autres organes, des *poches* ou *kystes*, sous forme de corps ronds, durs, remplis d'un liquide blanc mat, dans lequel nagent de petits animalcules, appelés *cysticerques ladriques* ; ce groupe de phénomènes constitue la *ladrerie.*

Excepté que la maladie ne soit trop avancée, rien n'indique à l'extérieur son existence ; quelques vésicules ladriques peuvent bien se montrer sur les parties inférieures et latérales de la langue, mais ce signe n'est pas constant, tandis qu'à l'intérieur, l'altération produite par ces *graines* est très-grave.

Il semble bien démontré que le porc contracte la ladrerie en absorbant les œufs du *tænia* (proglottis), que le chien dépose avec ses excréments autour de nos habitations ou ailleurs (1).

Les moyens curatifs de la ladrerie sont encore à trouver. Disons seulement que le *cysticerque* résiste à une salaison légère, qu'il supporte une température de 35 à 50 degrés, et ne meurt que sous l'influence de 80 à 100 degrés de chaleur (2).

k. La *trichine.* On s'accorde aujourd'hui à reconnaître que la *trichine* est un animal ovipare, micros-

---

(1) Les savants nous disent encore que le *cysticerque* du porc peut se transformer en *tænia* (ver intestinal) sur l'homme.

(2) C'est dire qu'il faut sacrifier son goût à sa santé et s'abstenir de viande dont toutes les parties n'auront pas atteint 100 degrés de chaleur.

Ad. Bénion.

copique, qu'elle offre la plus grande ressemblance avec le *cysticerque* du porc, de l'homme, mais qu'elle est un peu plus développée (1).

On suppose que le porc s'infecte de la *trichine* en faisant usage de viandes malsaines, *trichinosées*, ou de matières excrémentitielles provenant de l'homme qui se sera nourri de chair trichinosée.

En indiquant les causes de la *trichinose*, c'est recommander la ligne de conduite qu'il faut suivre pour prévenir cette maladie, car tout moyen est impuissant pour la guérir.

Comme pour la *ladrerie*, on sera très-circonspect quand il s'agira de faire usage de la viande *trichinosée*.

C'est tout ce que nous avions à dire des maladies qui affectent cette classe d'animaux. Nous aurions pu parler de la *pleuro-pneumonie*, de l'*angine couenneuse*, du *tétanos*, du *scorbut*, de l'*entérite diarrhéique*, *dyssentérique*, du *renversement de l'utérus*, du *vagin*, des *fractures*, etc.; mais les soins attentionnés, les bonnes pratiques hygiéniques que nous appliquons à l'entretien des porcs, rendent ces maladies fort rares, elles sont, d'ailleurs, du domaine exclusif du vétérinaire.

---

(1) La *trichine* atteint ordinairement une longueur de 3 à 4 millimètres, et se présente sous la forme d'un fil blanc très-ténu.   L. C.

CHAPITRE XVII

Choix du cheval de service, de l'étalon, de la poulinière. — Conditions que doivent remplir les reproducteurs pour faire des animaux bien constitués, propres à la selle ou aux travaux légers de l'agriculture. — Hygiène du cheval; âge, robes, etc.

§ I. *Choix du cheval de service, de l'étalon, de la poulinière.* — Le cheval nous rend des services si importants, il peut même à la rigueur suffire si bien à tous nos besoins, que nous serions bien coupables de négliger son élevage.

Notre agriculture, nos fourrages, notre climat, nos intérèts, et surtout notre devoir de citoyens, nous imposent l'obligation de produire le cheval, le cheval léger principalement, à l'exclusion de tout autre (1).

Pour faire un choix convenable du cheval de service, on exigera de cet animal un squelette moyen, une tête petite, carrée, sèche; une encolure bien attachée, un garrot saillant, un jarret large, bien développé; une poitrine profonde, un dos court, droit; des

(1) Depuis l'invention et l'adoption générale en Europe des armes à tir rapide et à longue portée, nous dit un homme compétent, la cavalerie légère doit incessamment remplacer la grosse cavalerie.

reins larges, une croupe droite, bien fournie; des cuisses charnues, des genoux gros, plats, bien dévidés; des aplombs parfaits (1), un ventre rond, des sabots luisants, sans fissure. Voici les conséquences de ces conformations :

1. *a*. Une poitrine large, spacieuse, contient de gros poumons. Des poumons volumineux favorisent la nutrition, donnent la vigueur, et permettent à l'animal de soutenir un long exercice sans perdre haleine.

b. Les articulations, celles de derrière surtout, lorsqu'elles sont larges, sèches et nettes, fonctionnent bien. Des os trop forts sont un signe de faiblesse; des os trop petits n'offrent pas aux muscles l'appui nécessaire à leurs fonctions.

c. Des membres trop longs ou trop courts sont mauvais; ils doivent être larges. Des membres étroits sont l'attribut des mauvais coureurs; des membres à aplombs défectueux déterminent de graves désordres dans l'organisme.

d. Des sabots trop grands rendent l'allure pénible;

(1) Le cheval est d'aplomb lorsque chaque membre supporte également sa part du corps; et, pour s'en rendre compte, on fait l'opération suivante: placez-vous à 6 mètres du cheval, le corps de cet animal vu en travers, tirez par la pensée une ligne droite de la pointe de l'épaule, et conduisez cette perpendiculaire jusqu'au sol; si cette ligne tombe un peu en avant du sabot, le cheval sera d'aplomb sur les membres de devant. Agissez de même pour le train de derrière : abaissez une verticale de la pointe de la fesse; si cette ligne touche la pointe du jarret et suit la face postérieure du tendon avant d'arriver à terre, ce membre aussi sera d'aplomb et supportera, à son tour, sa part du corps (RICHARD).

trop petits, ils gênent la sustentation de l'animal. Une solution de continuité sur cet organe *(seime)* constitue une maladie très-douloureuse, souvent incurable. Dans le sabot, on exigera aussi un talon bien dévidé, exempt de *bleimes*, une sole concave, afin que la corne repose sur la terre par sa circonférence, et une fourchette saine, capable de tenir les talons constamment écartés.

e. Une encolure trop longue détruit l'harmonie des allures.

f. Un garrot saillant donne au cheval la faculté d'embrasser une plus grande surface de terrain.

g. Des reins trop longs nuisent considérablement à la marche.

h. La croupe trop inclinée fait balancer l'animal pendant le trot, le galop surtout.

2. Pour le choix de l'étalon, outre cette conformation que nous venons d'indiquer pour le cheval de service, nous exigerons du mâle reproducteur une origine ancienne (1), un poil fin, un pelage simple, tel que le bai, le blanc, le noir (2) ; des crins doux et rares, indiquent des animaux d'élite.

La taille est indifférente ; cette qualité est plus spécialement l'apanage de la femelle.

(1) Inutile de rappeler la puissance des aïeux dans l'acte de la génération.

(2) Bien que le poëte ait dit :

« Des gris et des bai-bruns on estime le cœur.
« Le blanc, l'alezan clair languissent sans valeur. »

On repoussera tout sujet ayant une croupe mince, des tendons faibles, des paturons longs, des membres cagneux, panards, bouletés, arqués, et des jarrets coudés ou droits.

L'étalon sera âgé de cinq ans au moins; trop jeune, il donnerait des produits sans énergie. On ne les réformera que lorsque le développement du corps le rendra incapable de copulation; on excluera enfin celui qui sera entaché de maladies innées ou constitutionnelles, telles que la phthisie pulmonaire, l'épilepsie, le *crapaud* (1), la *fluxion périodique*, le *cornage* (2), la *rétivité*, la *méchanceté*, etc., etc.

3. Nous exigerons la même conformation pour la femelle, avec un corps arrondi, des reins très-larges, des cuisses développées, des jambes plutôt courtes que longues. Nous ne la présenterons pas à l'étalon avant quatre ans. Si elle était saillie plus tôt, la gestation serait pénible, la parturition difficile, et si le fœtus arrivait à terme, il serait petit, faible, parce que, ayant vécu dans un espace trop restreint, sa croissance aurait été gênée.

Une poulinière trop précoce est mauvaise nourrice; elle repousse souvent son produit, le tue quelquefois pour s'en débarrasser.

Telles sont les règles à suivre pour le choix de ces

(1) Maladie qui a son siége sur la sole du sabot.

(2) Le cheval affecté de ce vice fait entendre, pendant l'exercice, un bruit tout particulier, et qui dilate fortement ses nascaux.

animaux. Ces principes ont bien leur valeur; mais n'oublions pas les effets de l'alimentation.

La nourriture est un des agents principaux qui influent le plus sur l'économie animale :

« C'est par l'alimentation, nous dit un éleveur de mérite, que l'on rend le sang plus riche, la peau plus souple, le poil plus luisant. C'est par des aliments succulents sous un petit volume que le ventre s'arrondit, que la poitrine se développe, que les muscles acquièrent de la vigueur, que le corps enfin prend des formes plus gracieuses et bien dessinées. »

§ II. *Conditions que doivent remplir les reproducteurs pour faire des animaux propres à la selle ou aux travaux légers de l'agriculture.* — Notre climat réunit toutes les conditions, toutes les aptitudes, pour former le cheval léger. On secondera ces dispositions en l'attelant désormais à une voiture à quatre roues pour le service de nos exploitations agricoles (1), et puis en agissant par sélection.

Le cheval de notre pays est doué d'une énergie très-prononcée; il a peut-être un caractère trop emporté, mais il est susceptible d'une bonne éducation. Son corps est bien pris, ses membres sont solides et forts, ses articulations souples. Ce cheval, reproduit par lui-même, dans son milieu, donnera un animal

(1) Le bon entretien des chemins, a dit Ivart, et le perfectionnement des véhicules peuvent plus pour la prospérité de l'espèce chevaline que l'emploi de nouveaux étalons. En Allemagne, tous les charrois se font à demi-charge et au trot.

léger, assez étoffé pour faire le cheval que nous désirons (1).

Nous chercherons donc, dans notre espèce, les sujets mâles et femelles ayant une poitrine développée, plutôt large que profonde ; un corps court, un garrot prononcé, une encolure médiocrement épaisse, un poitrail bien ouvert, des épaules libres dans leurs mouvements. Nous demanderons de la rectitude à la croupe, de la légèreté à l'arrière-train, de l'espacement aux cuisses, pour obtenir plus d'action, et aux reins plus d'ampleur, pour donner plus de liberté aux organes importants de la femelle.

« Ce mode d'amélioration de l'espèce chevaline par elle-même, nous dit-on, offre à l'éleveur des moyens d'action très-faciles ; il n'aura pas à s'occuper de la pureté de la race : il portera seulement son attention sur les formes et l'aptitude du sujet. Il éliminera les animaux dégradés ou défectueux ; pour admettre des sujets consimilaires les plus parfaits, il prendra la précaution de renouveler les générateurs, et d'éviter les alliances en proche parenté. »

Nous serions bien téméraires encore de remplacer en partie ou en totalité le bœuf par le cheval dans nos travaux agricoles. Notre cheval, avec son

______

(1) La sélection nous semble, certes, un moyen de perfectionnement plus profitable à tous que cette vaine chimère poursuivie bien à tort par certains : la modification de l'espèce à l'aide du croisement. Ailleurs nous avons fait connaître les effets et les conséquences de ce mode d'amélioration.

caractère vif et emporté, ne peut suppléer à la patience, à la force de notre bœuf, pour creuser ces larges et profonds sillons dans notre sol raide et compacte. En outre, ne serait-ce pas vouloir révolutionner trop violemment des habitudes locales?

§ III. *Hygiène du cheval. — Élevage.* — On présentera la jument à l'étalon fin février ou mars, afin que, après la mise-bas, la nourrice trouve une alimentation verte favorable à la lactation.

La jument porte onze mois. Pendant la gestation, la jument peut travailler modérément.

On sera prévenu de la parturition, vingt-quatre heures à l'avance, par une goutte de sérosité dure, diaphane presque, qui adhère à l'extrémité de chaque mamelon.

On aide l'accouchement en ouvrant la poche des eaux. Aussitôt que l'on voit apparaître les jambes du *petit,* on les saisit pour favoriser la sortie; si on éprouvait trop de résistance, il faudrait se hâter d'appeler un homme de l'art.

Le nouveau-né sera présenté à la mère pour être lèché. Cinq à six heures après sa naissance, on lui fera prendre les mamelles; on secondera l'effet purgatif du premier lait en donnant 60 grammes d'huile d'amandes douces, ce médicament préparé et administré ainsi que nous l'avons recommandé pour le veau nouveau-né. Au poulain aussi, après sa naissance, on donnera quelques lavements, et on videra le *rectum.*

Pendant l'allaitement, la mère recevra une bonne nourriture.

Un mois après la naissance du poulain, on lui mettra un licol, on l'attachera de temps en temps près de la mère, et on le caressera ; en même temps, on lèvera tantôt les pieds de devant, tantôt ceux de derrière, et on frappera dessus.

A quatre ans, on dresse et on fait travailler les poulains. C'est avec les plus grands ménagements que l'on doit demander ce service.

Le poulain sera tenu en liberté dix-huit heures au moins sur vingt-quatre, dans une loge large, spacieuse. Pendant tout le cours de sa vie, cet animal sera pansé matin et soir, c'est-à-dire brossé, bouchonné ; cette opération a pour effet de stimuler la peau, de donner du lustre aux poils, de faciliter la circulation du sang, de donner de l'énergie aux muscles, de la rigidité aux fibres. On obtiendra ce résultat à l'aide d'une brosse ou encore en prenant une poignée de paille aussi grande que la main peut en contenir, et en frottant vivement le corps en allant alternativement en sens contraire.

L'usage d'une couverture de laine en hiver et de toile en été est très-utile ; c'est d'une bonne pratique aussi d'essuyer le cheval au retour du travail.

La nourriture du cheval doit se composer, par jour, de 3 kilogrammes de foin, 3 kilogrammes d'avoine et 4 kilogrammes de paille.

L'eau de rivière et de mare est préférable à l'eau de puits pour boisson. A cette eau on fera bien d'ajouter de temps en temps 10 à 12 grammes de sel de cuisine.

Moyen de connaître l'âge du cheval. — La dent du cheval, nous enseigne Richard, est composée d'ivoire et d'émail; le premier, d'un blanc jaunâtre, est enveloppé par l'émail, qui est de couleur blanche nacrée.

C'est sur les dents incisives, inférieures ou supérieures, que l'on connaît l'âge du cheval. Les deux dents du centre prennent le nom de *pinces;* on appelle *mitoyennes* celles qui sont à côté, et les deux dents qui terminent l'extrémité de l'arc se nomment *coins.* Jusqu'à trente mois, ces dents subissent un changement modérément appréciable; mais, à cette époque, les pinces tombent et sont remplacées par d'autres qui ont une cavité noire ou cul-de-sac appelé *fève.* Un an après, c'est-à-dire à trois ans et demi, les mitoyennes sont, à leur tour, chassées par d'autres dents exactement pareilles à celles qui ont remplacé les incisives précédentes, et enfin, de quatre ans et demi à cinq ans, le cheval n'a plus de dents de lait, les coins sont tombés et remplacés.

A six ans, les pinces sont rasées, c'est-à-dire que le point noir qui existait transversalement sur cette dent n'existe plus ou presque pas.

A sept ans, les mitoyennes sont rasées.

A huit ans, c'est le tour des coins.

A partir de cet âge, on dit que le cheval est hors d'âge, qu'il ne marque plus. C'est une erreur. Après cette époque, la table de la dent, ellipsoïde d'abord, devient, à la suite de l'usure, triangulaire, prismatique, puis enfin aplatie d'un côté à l'autre vers sa racine, et, jusqu'à vingt ou vingt-cinq ans, on a quelques points de repère pour apprécier l'âge du cheval à un an près.

Ainsi, à neuf ans, la table des pinces s'arrondit un peu en arrière.

A dix ans, c'est le tour des mitoyennes.

A onze ans, celles-ci s'arrondissent de plus en plus.

A douze ans, on ne voit plus de trace d'émail central aux incisives inférieures.

A treize ans, les pinces commencent à être triangulaires.

A quatorze ans, cette forme est complète.

A quinze ans, les mitoyennes sont triangulaires.

A seize ans, ces signes sont bien tranchés sur les pinces.

A dix-sept ans, la table des pinces s'allonge d'avant en arrière.

A dix-huit ans, cette forme se remarque sur les moyennes.

De dix-neuf à vingt ans, la table des pinces tend à devenir ovale d'avant en arrière.

De vingt à vingt-cinq ans, les incisives sont aplaties d'un côté à l'autre, et cet aplatissement est d'autant plus marqué que le cheval vieillit.

Dans certaines circonstances, le cheval ne rase jamais ses dents; ce cul-de-sac, cette fève, existe toujours sur les dents. Celles-ci s'allongent, mais ne s'usent jamais ou presque pas; dans ce cas, on dit que le cheval est *bégut*. L'âge alors est très-difficile à connaître.

De la locomotion. — Le cheval, pour se déplacer, possède sept mouvements de progression ; les uns, naturels, sont : le *pas*, le *trot*, le *galop ;* les autres, artificiels ou le produit de la fatigue, tels que l'*amble*, le *pas relevé*, le *traquenard* et l'*aubin*.

1. Le *pas*. Dans cette allure, le cheval lève le pied droit antérieur, et fait suivre immédiatement le postérieur gauche ; puis, le pied gauche antérieur par le pied droit postérieur.

2. Le *trot*. Le membre droit antérieur et le membre gauche postérieur se lèvent en même temps ; le même mouvement s'opère pour les autres membres. Quand le trot est rapide, il est un moment où les quatre pieds ont quitté le sol.

3. Le *galop*. On admet trois variétés de galops : le *galop ordinaire*, à trois temps ; le *galop de manége* ou *de chasse*, à quatre temps ; et le *galop de course*, à deux temps, qui n'est autre qu'une succession de sauts.

Parlons seulement du galop ordinaire. Dans cette allure, dit encore Richard, le pied postérieur gauche, par exemple, s'engage sous le centre de gravité, et fait entendre la première foulée ; le bipède diagonal gauche pose ensuite sur le sol, et opère le deuxième temps ; le membre antérieur droit frappe la troisième battue.

Lorsque le cheval prend ce mode de départ, on dit qu'il galope à droite, et, lorsque le cheval engage le pied droit postérieur sous le centre de gravité, on dit alors qu'il galope à gauche.

4. L'*amble* s'exécute par l'action alternative des jambes latérales.

5. Le *traquenard* ressemble un peu au pas, mais d'une manière très-irrégulière.

6. Le *pas relevé* a beaucoup d'analogie avec le traquenard.

7. L'*aubin* enfin. Dans cette allure, on dirait que le cheval galope du devant et trotte du derrière.

De la connaissance des robes du cheval. — Il n'est pas sans intérêt de connaître les robes des chevaux, c'est-à-dire les diverses nuances du pelage, qui fait distinguer tel cheval de tel autre.

Les robes du cheval sont divisées en *simples* et *composées*.

Les *robes simples* sont celles dont les crins et le fond sont d'une même couleur; telles sont les *noires*, les *blanches*, les *rouges*, appelées *alezanes*, et celles qui ont une couleur blanchâtre nommée *café au lait*.

Les *robes composées* ont deux subdivisions :

La première comprend les robes dont les crins diffèrent de nuance avec celle du fond du pelage; telles sont les *robes baies*, *isabelle* et *souris*.

La deuxième est formée par les robes composées de poils de couleur différente; telles sont les *gris*, les *rouans* et les *aubères*.

Un mot sur chacune de ces robes.

La *robe blanche* prend le nom de *blanc mat*, *sale* et *porcelaine*, suivant que la nuance est plus ou moins éclatante.

La *robe noire* prend le nom de *jais, noir, franc, mal*

teint, suivant que la teinte est plus ou moins tranchée.

Le cheval est *alezan* lorsque les crins et les poils
sont *rouges*. Il peut être *alezan clair, doré, foncé, brûlé;*
lorsque les crins de cette robe sont plus ou moins
blanchâtres, on dit qu'ils sont *lavés* ou *poil de vache.*

La *robe café au lait* est caractérisée par son nom; si
les extrémités et les crins sont noirs, la robe est *isabelle.*

Le cheval est *bai clair, foncé, cerise, châtain, marron,
brun*, lorsque les crins et les extrémités sont noirs.

On dit que la robe est *grise* lorsqu'elle est composée
de poils blancs et noirs. Elle est *gris-clair*, si le blanc
domine; *gris-foncé*, si la nuance noire l'emporte; *gris-
ardoisé*, lorsque le fond se rapproche de l'ardoise.

La *robe aubère, fleur de pêcher* ou *millefleurs*, se
compose de poils blancs et rouges.

La *robe rouan* est formée par un composé de poils
rouges, noirs et blancs; souvent les extrémités sont
noires, ainsi que les crins. Si le poil rouge domine,
cette robe prend le nom de *rouan vineux; rouan clair*,
si le blanc l'emporte, et *rouan foncé*, si c'est le noir.

La *robe pie* est celle qui a du blanc disposé par plaques avec une autre nuance disposée de même. On
trouve des *pie noir, alezan, bai, gris*, de toute nuance.

On dit qu'un cheval est :

Zain, quand tous les poils de sa robe sont de la
même couleur;

Rubican, lorsqu'il a quelques points blancs sur le
fond d'une robe bai ou simple;

Moucheté, s'il a quelques petits bouquets de poils différant de la nuance de la robe ;

Truité, lorsqu'il a des bouquets de poils rouges disséminés sur une robe grise ;

Tisonné ou *charbonné*, s'il a des marques noirâtres irrégulières sur la robe ;

Marqué de feu, lorsqu'il existe des poils d'un rouge vif aux naseaux, aux fesses, aux flancs ;

Zébré, quand il porte des lignes noirâtres en travers du corps ;

Tigré, s'il a de larges mouchetures noires sur le corps ;

Raie de mulet, lorsqu'une raie noire suit l'épine dorsale depuis le garrot jusqu'à la queue ;

Cap de Maure, lorsque la tête est noirâtre.

Si le cheval porte des taches blanches aux extrémités, on dit qu'il a des *balzanes ;* quand elles sont grandes, on les appelle *haut chaussées.*

La tache blanche que porte ordinairement un cheval sur le front s'appelle *lisse*, *pelotte*, *étoile*. Lorsque le blanc se prolonge sur le front, l'animal est *marqué en tête ;* si ce blanc arrive jusque sur le nez et les lèvres, on dit qu'*il boit dans son blanc* (1).

Quelquefois, sur les lèvres du cheval, autour des yeux, de l'anus, du fourreau, on remarque des taches blanchâtres qui semblent dépourvues de poils ; on les désigne sous le nom de *taches de ladre*. Et enfin si,

---

(1) Généralement, le cheval qui boit dans son blanc est d'un caractère vicieux.

sur le corps, on voit des poils ayant une direction opposée, cette anomalie prend le nom d'*épi* (1).

Terminons enfin par dire que le cheval doit être châtré, et non bistourné, de six mois à un an; on obtiendra ainsi tous les avantages de la castration sans en subir les dangers.

(1) RICHARD, *De la Conformation du cheval.*

CHAPITRE XVIII

Choix et qualités d'une jument mulassière. -- Avantages de l'élève de la mule.

§ I. *Choix et qualités d'une jument mulassière.* — Pour l'élevage de la mule, nous n'avons ni les avantages ni les ressources que l'on trouve dans les grands centres de production. Là, cet élève naît et croît sans *précaution* aucune presque; pour nous, cette éducation exige plus de soins, plus de *précautions.*

Cependant, si nous tenons compte des éléments dont nous disposons, des services que la mule rend à l'agriculture et de la réputation qui lui est acquise chez l'étranger (1), nous ferons tout ce qui sera possible pour tenir cette industrie à son plus haut degré de perfection.

Nous sommes en mesure d'élever deux genres de mules : les unes fortes, trapues, corsées, de taille moyenne, réunissant toutes les qualités voulues pour le service agricole ; les autres grandes, légères, fines,

______

(1) Les nombreux convois de mules qui partent annuellement pour l'Espagne de Montauban, Monclar, Grisolles et bien d'autres contrées, prouvent suffisamment la valeur et l'importance de cet élève.

à allures dégagées : celles créées en vue de l'expor-
tation.

a. Pour produire la mule à corps développé, à
grosses jambes, nous emploierons soit la jument bre-
tonne, soit la jument poitevine ; de préférence, cette
dernière.

Bien que chacune de ces races possède l'intérieur
mulassier, la grosse et lourde jument des marais du
Poitou, pure, exempte de toute infusion de sang
étranger (1), avec sa patte large, dit Bujault, sa
jambe grosse, couverte de poils, son jarret large et
bas, sa cuisse charnue, ses hanches larges, son corps
court, sa côte longue, son ventre abattu, son poitrail
bien ouvert, est très-disposée à faire la mule. Cette
jument possède pour ce service des *dispositions occultes
et inconnues.* En outre, c'est elle que le baudet féconde
le plus sûrement.

Tel est le choix à faire de la jument mulassière
pour se procurer ce genre de mules fortes, écrasées,
bien membrées ; mais à la condition aussi de la livrer
à la saillie du baudet poitevin (2).

(1) Nous insistons sur ce point, parce que l'on trouve dans le Poitou
quelques sujets anglo-poitevins appelés Saint-Gervais, très-beaux sans
doute, mais impropres à produire la mule.

(2) Dans les écrits d'un physiologiste distingué, nous lisons :

« L'alliance du baudet avec la jument offre un fait particulier qui n'a
pas lieu dans l'union des mêmes espèces entre elles. »

Contrairement à l'opinion du célèbre naturaliste Buffon, le mulet est un
mélange complet de deux procréations ; ici il n'y a pas lutte entre deux
puissances inégales dont la plus ancienne et la mieux fondée l'emporte :

b. La production de cette mule offre des avantages certains; néanmoins, nos intérèts nous portent aussi à créer celle qui se distingue plus particulièrement par une grande taille, des allures légères, un port dégagé; et il est d'autant plus utile de produire un animal réunissant ces qualités que, indépendamment de sa vente très-rémunératrice dès la première année de sa jeunesse, notre industrie chevaline lui prête son concours, et que nous pouvons conséquemment mener de front l'élève du cheval et l'élève du mulet.

Lorsque la jument de notre pays possédera des formes bien nourries, sans être massives, des yeux larges et saillants, une côte ronde, un poitrail ouvert, une croupe arrondie, des muscles forts sans empâtement, un pied large, écrasé, un pelage foncé, bai, brun, gris mème, nous la destinerons à engendrer dès mules. Ces conformations sont imparfaites pour produire le cheval, tandis qu'elles sont très-aptes à la reproduction de la mule.

Ces juments devront être alliées avec des baudets catalans, ou mieux encore avec des béarnais. Les baudets de Malte, ceux surtout de l'île de Pozzo, sont encore préférés.

§ II. *Avantages de l'élève du mulet.* — L'utilité du mulet est incontestable. Ce mot seul d'un agriculteur

---

l'hybride tient à la fois du père et de la mère. Il est, en conséquence, binaire dans lequel chacun des éléments a pris sa place presque ; dans cette structure mixte, rien n'est complétement cheval ou baudet. De là le besoin d'unir des individus à formes proportionnées.

suffît à le démontrer : « Si le mulet était inconnu, il faudrait le créer. »

Lorsque le mulet est bien conformé, qu'il a des jambes fortes, des jarrets et des paturons larges, la colonne vertébrale droite, le ventre rond, la poitrine profonde, cet animal supporte la fatigue, la faim et la soif avec courage. Sobre, robuste et vif, il a en lui une grande force, il porte des fardeaux, laboure ou traîne indifféremment ; il a de plus la taille, l'élégance du cheval et la rusticité de l'âne.

D'un caractère emporté, le mulet doit être élevé et traité avec douceur. Le mâle, plus fort, mieux charpenté que la femelle, vaut moins que celle-ci, parce qu'il exige plus de soins.

Comme le poulain, le mulet sera châtré jeune, à la mamelle presque, aussitôt que les organes sexuels seront apparents ; avec les avantages que l'on retirera de cette opération précoce, on évitera la méchanceté, qui souvent n'est que la conséquence d'une castration tardive, car la stérilité qui frappe ces hybrides ne les prive pas de désirs.

Ce que nous avons dit de l'hygiène du cheval et de son élevage s'applique entièrement à cette classe d'animaux.

CHAPITRE XIX

.

PETITS ANIMAUX CONFIÉS AUX SOINS DE LA MÉNAGÈRE

La poule. — Le canard. — Le dindon. — La pintade. — L'oie. — Le lapin. — Le pigeon. — Le ver à soie.

§ Ier. *La poule.* — Cet oiseau réunit l'utile à l'agréable, il orne notre basse-cour ; les œufs et la chair de cette précieuse gallinacée donnent une nourriture saine et agréable.

La poule de Tarn-et-Garonne ne constitue qu'une seule et unique race. Partout elle se caractérise par un corps bien fait, bien développé, un peu bas sur jambes, des os petits. Bonne pondeuse (1), bonne couveuse, notre poule est très-attentive pour ses poussins, son plumage est tantôt maillé de noir, de blanc, de jaune, de gris, tantôt uniformément noir, rarement blanc. Le coq est plus grand que la poule, on le reconnaît à sa crête plus forte, son cou plus relevé, recouvert par une touffe de plumes longues,

(1) On reconnaît la poule bonne pondeuse à ses pattes lisses, de couleur bleuâtre, avec la peau mince autour des doigts.

Lorsque la crête et les caroncules sont d'un rouge vif, que les plumes de la queue sont étalées en forme d'artichaut, lorsque la couleur blanche de la fiente devient terne, on peut dire que le moment de la ponte approche.

R. Agro, t. XXXVI.

à reflet brillant, et une queue garnie aussi abondamment de plumes, dont deux plus longues et arquées.

Notre poule s'engraisse bien, sa chair est savoureuse, délicate ; ces qualités nous engagent à élever cette race, à l'exclusion de toute autre.

b. Nous procéderons à son amélioration par l'hygiène, par une nourriture plus copieuse, et avant tout par sélection. Tout autre mode de perfectionnement serait préjudiciable à nos intérêts.

c. Dans un savant opuscule sur cette matière, nous trouvons les considérations suivantes : il y a trente ans environ, quelques personnes, méconnaissant la valeur de nos poules, importèrent des races étrangères, et firent des croisements dans le but de donner plus de taille, plus de corps à nos espèces locales.

Les résultats ont été nuls pour la consommation et pour le commerce.

Pouvait il en être autrement (1) ?

Nous savons les inconvénients qui résultent du croisement ; nous n'ignorons pas que telle espèce possède des qualités dans une contrée, tandis qu'elle

______

(1) On a pris à l'Asie la poule Cochinchinoise, Brama-Poutra ; à la Hollande, la poule Bréda, Hambourg, Gueldes, huppées, noires ou grises ; à l'Angleterre sa poule Dorking ; à l'Espagne, les poules des îles Baléares, connues sous le nom de poules Mahon ; à l'Italie ses poules Padoue ; on a été même jusqu'à importer des poules d'agrément, telles que : la poule pattue blanche de Chine, négresse de Cayenne, Bantan dorée, blanche argentée de Java, de Perse, etc., et puis on a fait des mélanges avec la poule de Houdan, du Mans, de la Flèche, de Caux, etc., etc.

dégénère dans une autre. C'est ainsi, par exemple, que la poule d'Asie, qui se fait remarquer par un corps volumineux, par sa qualité d'être bonne pondeuse, d'être précoce même, n'est pas à l'abri de certains défauts. D'abord, si cette poule a un corps plus gros, cela tient à son énorme charpente osseuse et à la quantité de nourriture qu'elle consomme ; sa chair est dure, fibreuse, sa peau épaisse, jaune ; elle s'engraisse ensuite médiocrement.

Ces reproches, à quelque chose près, nous les adressons aux poules anglaises, espagnoles, etc., etc.

Tout nous engage donc à conserver notre race pure, et à reléguer les races étrangères dans la basse-cour du riche ou dans la volière de l'amateur.

d. Elevage. — On disposera le poulailler de manière que le *soleil matutinal*, dit *Prudent le Choyselat*, donne le bonjour aux poules. Ce logement sera placé à un premier étage, et tenu dans un état parfait de propreté.

La poule qui chante souvent, le coq muet seront bannis du poulailler. Un coq suffit à 12 poules. La poule, après 3 ans d'âge (1), le coq après 2 ans, seront réformés.

A la poule qui sort on donnera 100 grammes de grains environ par jour, et on tiendra constamment de l'eau à sa disposition.

---

(1) La poule pond la première année 20 œufs, 120 la seconde, 130 la troisième, 80 la quatrième, 40 la cinquième, et 20 ou 15 la sixième.

R. Agro, année 1855.

La poule pond à 10 mois ; pour l'exciter à la ponte, on lui donne du maïs, de l'avoine, de la farine de pois, et généralement tous les farineux.

Pour la reproduction on emploiera des œufs fécondés. La poule qui veut couver glousse et se met d'elle-même sur tous les œufs ; elle peut couver de 15 à 18 œufs ; l'incubation dure de 20 à 22 jours.

On tire du nid les petits à fur et mesure de leur éclosion, on ranime leurs forces par quelques gouttes de vin, on les place dans un endroit chaud, et, pour manger, on leur donne un peu de mie de pain.

Lorsque le bec commence à durcir, la première nourriture consiste en grains de blé, en maïs concassé.

La glousse et les poussins doivent recevoir une petite quantité de grains, matin et soir, pendant les deux premiers mois, et on aura soin de les faire coucher au poulailler.

A quatre mois on chaponne le jeune coq.

On engraisse la poule en la mettant dans une caisse étroite avec fond à claire-voie, munie, à sa partie antérieure, d'une petite auge destinée à recevoir l'eau et le grain.

La poule est sujette aux *poux*, à la *dyssenterie*, à la *gale*, à la *phthisie*.

On la débarrasse des poux en la frottant avec la graisse de porc. On la guérit de la *dyssenterie* en lui donnant, à diverses reprises, du vin chaud dans lequel on aura fait bouillir quelques pelures de coing. Si la poule a la *gale*, on lui donnera du son mouillé auquel on ajoutera un peu de fleur de soufre, et lorsque la poule devient maigre, étique, que la *phthisie* débute, on fera bien de la sacrifier le plus tôt possible (1).

Nous ne parlons pas de la *pépie*, cette maladie n'existe que de nom.

§ II. Le canard fait partie des habitants de la basse-cour.

Nous élèverons le canard commun, gris ardoise, le blanc à ailes noires et le croisé, ce dernier issu d'une cane commune et du canard musqué de Barbarie ou des Indes, appelé mulard, parce qu'il ne se reproduit pas.

On connaît le mâle à son chant, qui est bien moins éclatant que celui de la femelle, au brillant des plumes de son cou, et à deux plumes frisées qui sont au-dessus de la queue.

Le canard, dit Mme Cora Millet, est bien moins délicat que les autres oiseaux de la basse-cour ; il est avide, glouton ; les débris de cuisine, les grains, les betteraves, les pommes de terre, tout lui convient ; seulement il a besoin d'eau ; une fosse, une mare lui suffisent ; là, il chasse les insectes, mange les plantes aquatiques, le frai des grenouilles.

Le canard aime la propreté et a l'habitude de rentrer tard. La cane pond 30 à 35 œufs, qu'elle cache soigneusement. Si on la dérange, elle quitte son nid.

On fait couver ordinairement les œufs de cane par

(1) Eug. GAYOT. *Encyclopédie du cultivateur.*

une dindonne, mais on peut sans difficulté employer la cane comme couveuse, elle s'y prête très-bien, seulement à ce moment elle est très-méchante. L'incubation dure 30 jours.

Le caneton est vorace, il faut lui donner à manger 7 à 8 fois par jour, sa nourriture se compose d'orties, de salade, hâchées menues, mêlées à des farineux. Le caneton craint beaucoup le froid, la pluie surtout, ce qui ne l'empêcherait pas d'aller à l'eau dès le premier jour de sa naissance, si on ne s'y opposait pas.

Le canard est fait à 3 ou 4 mois, on l'engraisse à 6 mois ; le mulard s'engraisse mieux. On les gave pendant 20 jours avec du maïs. Pendant cette opération, on évitera qu'il ne soit pas distrait par le voisinage et les cris de son pareil ; on surveillera attentivement la propreté de son logement.

§ III. Le *dindon,* nous rapporte un éleveur, vit ordinairement seul dans la basse-cour.

Le mâle se distingue de la femelle par ses éperons et un bouquet de crins longs de 15 à 20 centimètres, qui apparaît à la fin de la première année.

Originaire de pays chauds, le dindon exige beaucoup de soins.

L'accouplement a lieu une seule fois, en mars, lorsque ces oiseaux ont 10 à 12 mois d'âge. La dindonne pond de deux jours l'un, dans un lieu écarté, de 15 à 20 œufs. On connaît qu'elle veut couver quand elle glousse et qu'elle perd les plumes qui couvrent le ventre. La dinde couveuse est patiente, adroite, ne veut pas être inquiétée, il suffit de la lever une fois par jour pour la faire manger et fienter ; on lui donne vingt œufs à couver. Du huitième au dizième jour on mire les œufs et on retire ceux qui sont clairs. L'incubation dure de 30 à 32 jours.

Aussitôt que le dindonneau est né, on lui donne quelques gouttes de vin, deux jours après un peu de mie de pain, et pour l'enseigner à manger, on fera bien de mettre avec lui un jeune poulet.

Cette nourriture sera remplacée, au bout de deux ou trois jours, par des œufs durs hâchés avec des orties, de la laitue, de l'oseille, et continuée pendant une huitaine ; après ce temps, on se bornera à donner des orties hâchées et mêlées à la farine de maïs, de blé, de seigle ; à un mois d'âge, on peut les conduire paître.

A sept ou huit mois, on engraisse le dindon. On commence par lui donner une ration d'avoine quand il revient des champs. Quinze jours après, on lui sert des pommes de terre mèlangées à la farine de maïs, et puis on le gave avec des boulettes de farine de maïs.

Le dindon s'engraisse plus difficilement que la dinde ; le premier acquiert plus de volume, la dinde est plus savoureuse.

Certaines maladies attaquent le dindon.

En naissant, le dindonneau porte quelquefois un bouton jaunâtre sur le bec, on l'enlève avec la pointe des ciseaux.

Lorsque le dindon est sur le point de prendre le

rouge, sa vie est en danger. On donnera tous les matins une pâtée composée d'un œuf dur, d'un oignon haché et de son humecté légèrement.

Si le dindon est languissant, hérissé, on lui donnera un ou deux grains de poivre.

La *picotte* sévit rigoureusement, presque chaque année, sur les dindons ; il faut se hâter d'isoler ceux qui sont sains, et donner aux malades un peu de vin chaud, puis on brûlera les boutons avec un fer chauffé à rouge.

La vesce indigestione le dindon. La ciguë, la jusquiame (erbo des brégans), l'empoisonne, les limaçons lui donnent un flux de ventre qui entraîne la mort.

Le pluie enfin, le froid, la rosée sont contraires au dindon pendant tous les âges de sa vie.

§ IV. La *pintade* est une gallinacée qui, par la finesse et l'excellence de ses chairs, nous rapporte Gayot, merite d'être élevée dans notre basse-cour ; on regrette que sa domesticité soit encore si difficile.

Cet oiseau habite rarement le poulailler, c'est dehors, sur les arbres, qu'elle aime de percher.

Pétulante et querelleuse, la pintade veut dominer ; tandis qu'elle mange, elle chasse toutes les volailles qui veulent approcher.

Au mâle, on ne donne que 7 à 8 femelles. La femelle pond une trentaine d'œufs, au plus, de mai en août, dans une haie, un bois, une prairie. La pintade délaisse facilement ses petits, et puis, comme elle ne se dispose à couver que dans le mois d'août, on fera bien de donner à couver ses œufs à une poule et de lui confier la garde des pintadeaux. L'incubation est de 28 à 29 jours.

Le pintadeau perce la coquille au moment d'éclore, et bien qu'il soit très-frêle, il est tout disposé à manger et à marcher comme le poussin.

Pendant le premier mois de la naissance, on donnera au pintadeau du chènevis, du maïs écrasés, mêlés avec de la mie de pain et des œufs durs ; ensuite sa nourriture se composera de chènevis pur, d'avoine, de son, de laitue, et de tout ce qui convient à la nourriture de la poule.

La chair de la pintade est très-succulente et ressemble à celle du faisan, mais en vieillissant la pintade devient dure, coriace.

La *goutte,* l'*épilepsie,* sont les maladies ordinaires de la pintade. La première semble être la conséquence du froid qu'elle éprouve aux pattes ; la seconde est la suite de la colère quand on la contrarie.

§ V. *L'oie.* — L'oie est l'objet d'un si grand commerce dans le département, sa chair, sa graisse, son duvet, sont d'une si grande importance, que nous ne devons rien négliger pour son élevage.

Nous élèverons l'oie blanche à ailes grises ; c'est celle dont le corps est plus long, plus épais.

L'oie sera logée dans un lieu sec, spacieux, aéré, et tenu proprement.

Le mâle, appelé *jars,* ne diffère de la femelle que par son cou, qui est plus long, et sa tête plus épaisse ;

il ne peut servir que quatre femelles au plus ; il est plein de sollicitude pour sa couveuse et sa couvée.

L'oie cherche dans les champs une partie de sa nourriture, fait usage de grains et d'un grand nombre de plantes, mange avec plaisir le trèfle, les vesces, le farouch verts, et est indifférente pour la luzerne, l'esparcette.

L'oie qui veut pondre porte à son bec quelques brins de paille, elle fait huit à neuf pontes de huit œufs chacune ; pendant la ponte elle a besoin d'avoir une mare, un vivier, un cours d'eau à sa disposition. On suspendra l'avoine à l'oie pondeuse ; le blé, si l'on veut, remplacera le maïs, ce dernier sera donné à l'oie couveuse.

Lorsque l'oie veut couver, elle ne quitte pas son nid, elle est bonne couveuse. L'incubation dure de 27 à 28 jours ; après huit jours on mire les œufs pour retirer ceux qui sont clairs. On lève l'oie couveuse une fois par jour, pour la faire manger et prendre un bain. L'éclosion est irrégulière ; dès que l'oison naît, on le place près du feu dans un panier garni de laine. Aussitôt qu'il piaule, on lui donne un peu de mie de pain, puis de la farine de maïs mêlée à des herbes hâchées menues, des orties surtout, mais il faut éviter que cette dernière plante ne soit pas attaquée de la *miellée* ou du *puceron* ; dans cet état, l'ortie est un poison pour l'oie. L'oison est beau quand il est verdâtre, et qu'il a une grosse tête.

L'oison est vorace ; on lui donnera à manger 6, 7 et 8 fois par jour ; si le temps est beau, on le sortira au milieu du jour, et bien qu'on puisse le conduire à l'eau très-jeune, on ne doit pas le laisser à la pluie.

Fin octobre, on engraisse l'oie avec du maïs sec d'abord, puis gonflé dans de l'eau chaude ; pour la gaver, on se sert d'un entonnoir. Avant chaque repas qui a lieu matin et soir, on doit s'assurer que la digestion est faite, et s'abstenir de la gaver si le millet est encore dans le jabot. L'engraissement dure un mois environ ; pendant ce temps l'oie doit être condamnée au repos le plus absolu, avoir constamment à sa disposition de l'eau pour boire, et son logement doit être tenu dans un état de propreté parfaite. A l'oie soumise à l'engraissement, on donnera de temps en temps un peu de sel, et une petite gousse d'ail.

L'oie est sujette à la *vermine*, à la *diarrhée*, à la *goutte*, à *l'apoplexie*, au *tournoiement*.

Pour débarrasser l'oie de la vermine, on la frottera avec la graisse de porc, ainsi que nous l'avons recommandé pour la poule.

On la guérit de la diarrhée en lui donnant quelques cuillerées de vin chaud dans lequel on aura mis un peu de bon miel.

Pour éviter la goutte, on fera bien de tenir l'oie dans un local sec, et, pour peu qu'elle souffre, on enveloppera les pattes avec des bandelettes de drap.

On la guérira de l'apoplexie en ouvrant, avec un canif, une veine qui est très-apparente sous la membrane séparant les ongles.

§ VI. *Le lapin.* — Nous prenons dans l'ouvrage de M. Eug. Gayot, sur les petits quadrupèdes, la plus grande partie de ce que nous avons à dire sur le lapin.

Nous logerons le lapin dans un local aéré, sec, pavé, exposé au Midi, et inaccessible aux rats, aux fouines.

Ces petits animaux s'accommodent de toutes choses pour manger, seulement on évitera que la nourriture soit mouillée par la pluie ou la rosée. On leur tiendra toujours de l'eau pour boire.

Le lapin est peu hospitalier, il ne supporte pas de nouveau venu ; la femelle vit avec ses pareilles, mais il faut qu'elles soient nées sous le même toit.

Le lapin, toujours disposé à la saillie, doit être séparé de la femelle immédiatement après l'accouplement, et ne doit plus la revoir qu'après l'allaitement.

Dans le local occupé par les femelles, on établit des loges en planches épaisses, à une seule ouverture, avec un plancher percé de trous.

La femelle peut être saillie à six mois ; elle porte un mois, et l'allaitement dure de 35 à 40 jours. A cette époque, les petits peuvent être séparés de leur mère et placés à part dans une étable. A trois mois, on met les lapereaux mâles d'un côté, les femelles de l'autre. C'est le moment aussi d'émasculer les mâles pour faciliter l'engraissement, et donner une viande plus délicate.

La *diarrhée,* le *gros-ventre,* les *affections vermineuses,* la *gale*, la *constipation*, et une maladie *d'yeux* attaquent les lapins.

La *diarrhée* et le *gros-ventre* sont occasionnés par la nourriture mouillée ; ces affections sont mortelles, on les évitera en donnant des aliments parfaitement ressuyés.

La *vermine* cède à une nourriture topique ; l'avoine, le maïs, le blé remplissent très-bien ce but.

La *gale*, qui n'a d'autre cause que l'invasion de certains parasites sur la face intérieure de l'oreille, disparaîtra par quelques gouttes de *phénol Babœuf*, versées dans l'oreille.

La *constipation*, provoquée par une nourriture trop sèche, cède à des aliments un peu aqueux et des boissons modérées.

Le mal d'yeux, conséquence de vapeurs ammoniacales qui se dégagent du fumier, est facile à guérir en nettoyant avec soin le clapier.

§ VII. Le *pigeon*. — Le pigeon comprend deux variétés : le pigeon fuyard ou bizet de côlombier, et le pigeon de volière ; nous parlerons seulement du premier.

Ce pigeon se distingue par une petite taille, une poitrine changeante de vert et de pourpre, un cou brillant cuivré, des ailes pointues et barrées de bandes noires, un bec droit grêle, renflé vers le bout.

Ce pigeon, rapporte M. le professeur Agoard, vit 8 à 9 ans, il est fécond pendant 3 ou 4 ans seulement, fait deux ou trois pontes chaque année, se nourrit longtemps de ce qu'il trouve dehors ; en hiver, il doit recevoir une petite ration de grains.

Le mâle et la femelle couvent et partagent les soins de la maternité.

Le pigeonnier doit être exposé au levant, blanchi chaque année à la chaux, revêtu intérieurement d'une mince couche de plâtre, couvert en briques' crochet, à l'abri des attaques des rats. Les paniers seront vidés et passés deux fois par an, avant et après la ponte, dans une lessive bouillante ; la colombine sera enlevée du pigeonnier six fois par an au moins.

Chaque année on éliminera du pigeonnier les pigeons qui ont cinq ans d'âge ; on les reconnait à leurs éperons longs de un centimètre ; leur présence nuit à la ponte des autres.

On renouvellera les manquants par des pigeonneaux provenant de la seconde ponte ; ceux qui naissent à la fin de l'été sont attaqués de la *picotte*, maladie sinon mortelle, du moins très-préjudiciable à la santé de ces jeunes oiseaux.

Le pigeon de volière est plus spécialement un oiseau de luxe que de profit ; il donne sans doute aisément une couvée par mois, mais la nourriture absorbe et au delà le prix que l'on retire des pigeonneaux.

Nous laisserons donc à l'amateur l'agrément, ou le plaisir chèrement acheté par la dépense, l'élevage des pigeons *mondains, nains, fuyards, lyonnais, grosses-gorges, volants,* etc., etc.

§ VIII. *Éducation du ver à soie.* — Nous lisons dans un ouvrage de sériciculture, que cette industrie remonte à plus de 2,000 ans avant Jésus-Christ, et que les Chinois, les premiers, ont trouvé le moyen de dévider les cocons et de tisser les fils.

A Clément V, on doit l'introduction en France des vers à soie, en 1309.

Cette industrie a prospéré longtemps, et acquis un grand développement jusques en 1853, où apparurent certaines maladies : la *pébrine*, la *flacherie* entre autres, qui ont détruit et désolent encore bon nombre d'éducations.

On doit faire soi-même son grainage et encore s'assurer, à l'aide du microscope, si, dans le corps du papillon ou, à son défaut, dans la matière liquide de la graine, il n'existe pas certains corps étrangers appelés *corpuscules vibrants* (1) ; à la suite de cette expérience, on rejettera ou on admettra pour la reproduction ou l'éducation le papillon ou l'œuf.

De plus, dès le mois de janvier ou février, on procédera à une éducation précoce, dite d'*essai* (2).

La magnanerie sera élevée à un premier étage, si c'est possible ; elle sera aérée, loin des écuries, des étables, de tout foyer susceptible d'exhaler de mau-

(1) On désigne ainsi certains corps ronds, réunis sous forme de chapelet, que l'on trouve, à l'aide du microscope, dans les débris du papillon, préalablement trituré dans un mortier.

(2) Notre jardin d'acclimatation, à Montauban, se livre chaque année, avec un zèle digne de tout éloge, à ce genre d'expériences.

vaises odeurs. L'intérieur de ce local sera d'une propreté irréprochable, muni de volets et de croisées, afin que l'air et la lumière y pénètrent facilement, et que la température puisse s'y maintenir d'une manière uniforme.

On combinera l'éclosion du ver à soie avec la pousse du mûrier. Pour provoquer l'éclosion du ver, on soumettra l'œuf, le premier jour, à une température de 15 degrés centigrades, et on élèvera progressivement cette chaleur jusqu'à 25 degrés. L'incubation dure huit à dix jours.

Au ver qui vient de naître on distribuera pendant trois jours, toutes les deux heures et sans discontinuer, de la feuille coupée menu ; avant la fin du troisième jour et aussi avant chaque repas, on procédera au délitement et au dédoublement.

Le quatrième jour, les vers dorment. Le cinquième est employé à la mue, c'est-à-dire que, après dix à douze heures d'immobilité, le ver quitte sa vieille peau.

Arrive le deuxième âge, qui dure quatre jours ; on donne douze repas par jour avec la feuille coupée menu ; le troisième, on opère le délitement et le dédoublement. Le ver a déjà grossi considérablement.

Le troisième âge est d'environ six jours ; on donne les mêmes soins que dans le deuxième âge. Cependant, on peut se permettre de donner la feuille entière. Bien que l'on ait opéré le délitement et le dédoublement, le quatrième jour on doit procéder de nouveau à cette opération à la sortie de la mue.

Le quatrième âge est aussi de six jours; on réduit à huit le nombre des repas par vingt-quatre heures. Les délitements et le dédoublement ont lieu les troisième, quatrième et cinquième jours.

Le cinquième âge, qui dure huit à neuf jours, exige les mêmes soins. On délite les troisième, cinquième et huitième jours, à moins que le temps ne soit trop humide : alors, on délite tous les deux jours, et plus souvent, si les vers sont serrés.

Lorsque le ver ne mange plus, que la peau devient transparente, légèrement jaune, comme un grain de chasselas, on dit qu'il est *mûr*. A ce moment, il se débarrasse de ses derniers excréments, solides ou liquides, et se met à la recherche d'une place pour former le cocon; c'est le moment de placer la bruyère, de la disposer en petits cabanons, et de séparer les vers qui sont en retard, pour ne pas déranger ceux qui filent.

Au bout de dix-huit à vingt jours, à partir du moment où la chenille a commencé son cocon, l'insecte parfait, c'est-à-dire le papillon, sort de son enveloppe trois ou quatre heures après le lever du soleil, et, aussitôt dégagé, il rejette un liquide épais rougeâtre.

Le papillon mâle, plus petit que le papillon femelle, se dispose à la copulation; on fera bien de favoriser cette union en rapprochant les deux sexes, et d'arrêter l'accouplement après onze à douze heures.

Aussitôt que la femelle est libre, on la place sur une toile; là, elle expulse ses œufs, à côté les uns des autres, pendant quelques heures, recommence le lendemain, mais alors d'une manière insignifiante.

Le papillon étant dépourvu d'organes nécessaires à l'alimentation, ne pouvant prendre aucune nourriture, meurt quatre ou cinq jours après sa naissance.

On conserve les toiles à graines dans un lieu très-sec, plutôt froid que chaud.

CHAPITRE XX

Comptabilité agricole.

L'agriculteur, comme le commerçant, doit se rendre compte de ses opérations ; il ne peut se dispenser d'une comptabilité, qui seule peut l'éclairer et lui donner le résultat de sa prospérité ou de sa décadence.

A cet effet, il fera usage de deux registres : l'un, appelé *livre de caisse* ; l'autre, *grand livre*.

a. Sur le livre de caisse (1), on inscrira d'un côté, sur le feuillet gauche, tout l'argent que l'on recevra, et, à la suite, on indiquera l'origine de cette somme ; sur le feuillet de droite, en rapportant l'argent que l'on donne, on notera aussi les motifs de la dépense.

b. Sur le grand livre, qui n'est autre qu'un livre-journal, l'agriculteur ouvrira autant de comptes qu'il existe d'objets ou de parties intéressant la culture de la propriété, tels que les bestiaux, les engrais, la main-d'œuvre, les frais généraux, le ménage, etc.; on pourrait même établir un compte spécial pour chaque champ.

(1) Nous admettons qu'un inventaire, ainsi que nous nous proposons de l'indiquer, sera dressé au préalable par les soins du propriétaire agriculteur.

Comme pour le livre de caisse, on inscrira sur le feuillet gauche ce mot : *entrée*, et sur le feuillet droit, *sortie* ; de plus, en tête de ces deux feuillets, on devra inscrire l'objet dont on veut tenir compte.

Rien ne doit sortir d'un compte sans entrer immédiatement dans un autre. Si on reçoit un objet, on le porte à l'entrée de son compte, et, si on le donne, on le porte à la sortie.

Citons un exemple : nous prenons du grenier 20 hectolitres d'avoine et 1,000 kilogrammes de fourrage ; après avoir fait sortir du *compte à grenier* ces matières, on les fait entrer au compte ouvert à la *consommation des bestiaux*.

Autre exemple : on a vendu un bœuf, on le porte à la sortie du *compte à étables*, et on inscrit la somme à l'*entrée de la caisse*.

Un modèle du livre de caisse et quelques tableaux de ces comptes divers indiqueront suffisamment la marche à suivre.

1875			fr.
Janvier	5	Argent en caisse (article extrait de l'inventaire)...............................	300
»	9	Vente de moutons (compte à étables).....	600
Février	27	Vente de volailles (compte à basse-cour)..	16
Mars.	20	Vente d'un bœuf (compte à étables).....	320
»	22	Vente de blé (compte à grenier)..........	800
Avril.	19	Vente de vin (compte à chai).............	58
»	27	Vente de bois (compte à produits divers)..	38
»	28	Vente de foin (compte à produits divers)..	36

1875			fr.	c.
Janvier	6	Achat d'un porc (compte à étables).......	23	30
»	7	Payé journées (compte à fourrage)........	17	25
»	16	Travaux à la vigne (compte à chai).......	12	50
»	25	Payé au percepteur (compte à frais généraux).................................	56	40
Mars.	2	Payé harnais (compte à attelage).........	12	»
»	19	Payé à moi-même (compte à ménage).....	200	»
Avril.	30	Payé engrais (compte à céréales).........	100	»
Juin.	7	Payé un foudre (compte à chai)...........	200	»

Entrée COMPTE DES ANIMAUX Sortie

DATES.		PROVENANCE.	Bœufs.	Vaches.	Élèves.	Chevaux.	Mulets.	Moutons.	Porcs.	Valeur.	Observations.
1875											
Janvier.	4	Suivant inventaire.	4	2	2	1	2	25	4	2,300	
»	3	Acheté à Montauban	2						3	725	
»	7	Acheté à Nègrepelisse			2			6		430	

DATES.		NOMBRE D'ANIMAUX	DESTINATION.	PRIX.		Observations.
1875				fr.	c.	
Mars...	10	Deux.............	Bœufs vendus à Caussade.............	800	»	
»	19	Vingt-quatre.......	Moutons vendus à Montauban..	600	»	
Avril...	9	Quatre...........	Porcs vendus à Mirabel.............	120	»	

Entrée COMPTE DES FUMIERS ET ENGRAIS Sortie

DATES.		PROVENANCE.	Étables et écuries.	Bergeries.	Porcheries.	Engrais.	Prix.	OBSERVATIONS.
1875								
Février..	4	Pris mètres cubes..	20				30	
»	10	Pris mètres cubes..		8			24	
Mars...	7	Pris mètres cubes..			7		14	
»	8	Pris kilog. guano..				100k	28	

DATES.		QUANTITÉ.	DESTINATION.							Prix.	Observations.
			Blé.	Seigle.	Avoine	Maïs.	Prés.	Vignes	Lin ou chanv.		
1875										fr.	
Mars...	6	Mètres cubes fumier.	20							30	
»	10	Mètres cubes fumier.			50					100	
»	31	Mètres cubes fumier.				30				90	
»	31	Kilos guano.......					100			38	
Avril...	20	Mètres cubes fumier.							100	230	

Entrée — COMPTE DES FOURRAGES — Sortie

DATES.		PROVENANCE.	Quantité.	OBSERVATIONS.
1875			kil.	
Mars...	29	Farouch provenant du champ Bès.	2,000	
»	»	Foin du pré des Ferrandous.....	6,000	
»	»	Vesces du champ Raygasse......	10,000	
»	»	Avoine et blé du champ Gibert...	15,000	

DATES.		DESTINATION.	Quantité.	Prix.	OBSERVATIONS.
1875				fr.	
Avril....	25	Aux bœufs, luzerne.	100 kil.	12	
»	»	Fèves à étable.....	1 hect.	17	
»	»	Avoine à écurie....	2 hect.	24	
»	»	Son à porcherie....	50 kil.	10	

Si l'on veut, il est facile de restreindre le nombre des comptes, en dressant un tableau unique intitulé : *Objets divers*, sur lequel on portera tout ce qui ne mérite pas un compte particulier. Tel est le tableau suivant :

Entrée — COMPTE OBJETS DIVERS — Sortie

DATES.		PROVENANCE.	Quantité.	Prix.	Observations.
1875			kil.		
Janvier.	21	Bois du Simorin.................	2,000	48	
»	6	Sarment de la vigne Dounat......	1,500	43	
Juin...	4	Foin des Ferrandous.............	60,000	380	
»	2	2e coupe du champ du Pommier..	1,000	30	
Juillet..	20	Blé du champ de Calas...........	800	230	
Septem.	4	Vin de la vigne de Roine...........	2,000	110	
Octobre.	10	Chataignes du champ Nouviolle..	100	20	

DATES.		DESTINATION.	Quantité.	Prix.	Observations.
1875			kil.	fr.	
Novem..	4	Vendu à M. Soulié, négociant, blé.	50,000	3,489	
»	10	Vendu vin à M. Sivard, à Paris...	30,000	1,240	
Décem..	4	Vendu sarment à M. Mercadier...	300	35	
»	9	Vendu foin à M. Laparre, Vr.....	6,000	385	
»	27	Pris pour mes chevaux avoine...	1,200	500	
»	31	Bois pour mon ménage........	1,500	60	

De même, ce qui serait possible, mais fort long, on pourrait dresser un tableau pour ouvrir un compte pour chaque champ, chaque nature de récoltes, telles que : céréales, vignes, bois, bestiaux de toute nature, frais généraux enfin. Voir ci-après la manière d'opérer.

DATES.		DÉSIGNATION des CHAMPS.	Labours.	Fumiers.	Semences.	Sarclages.	Travaux divers.	PRIX.		Observations.
1875								fr.	c.	
Mars...	4	Champ de Gasc......	4 20 m		25 lit.	3 j.	»	90	50	
»	»	— de Nouviolle	6 50 m		1 hect.	9 j.	»	180	»	
»	»	— du Vitrayre.	3 30 m		25 lit.	8 j.	»	150	»	
»	»	— de Cambes..	4 30 m		30 lit.	7 j.	»	80	»	
»	»	— de Bouzeran	5 40 m		80 lit.	6 j.	»	110	»	

DATES.		RÉCOLTES OBTENUES.	PRIX.		OBSERVATIONS.
1875			fr.	c.	
Juillet..	30	Récolté 10 hectolitres blé et 500 kil. paille sur le champ de Nouviolle.....................	250	»	
»	»	Récolté 20 hectares blé et 300 kil. paille sur le champ Cambe....	210	»	

DATES.		DÉSIGNATION des LIEUX.	Labours.	Fumiers.	Travaux divers.	PRIX.		OBSERVATIONS.
1875						fr.	c.	
Mars....	4	Vigne de Roine....	2 10 m		»	50	»	
»	7	— de Reygasse.	8	»	»	40	»	
»	»	— du Dounat..	2	»	échal.	20	»	
»	»	— du Piot....	4	»	»	30	»	
»	»	— de Gasc....	6	»	»	25	»	

DATES.		RÉCOLTES OBTENUES.	PRIX.		OBSERVATIONS.
1875			fr.	c.	
Septemb.	30	Vin récolté à la vigne de Roine...	100	»	
»	»	— à la vigne Raygasse..	200	»	
Décemb.	30	Sarment de la vigne Dounat....	30	»	
»	»	Bois à la vigne de Piot..........	40	»	
»	»	Sarment à la vigne Gesse........	22	»	

L'agriculteur doit compléter sa comptabilité en dressant son inventaire à la fin de l'année ; il l'établit ainsi :

ACTIF :

Fourrages en grenier, en meules, pailles, fumiers, engrais....	2,000	»
Attelages : bœufs, juments, mules.......................	1,180	»
Basse-cour : poules, canards, dindons....................	200	»
Semences..	150	»
Immeubles...	15,000	»
Mobilier : harnais, charrettes, charrues, cuves et vaisselle vinaire, instruments divers.............................	3,000	»
Provision de toute nature : blé, vin, bois, graisse, etc........	500	»
Argent en caisse.......................................	300	»
(Donner des détails sur tout et être très modeste dans les évaluations.)		
Total de l'actif.....	22,530	»

PASSIF :

Billet à l'ordre de M. Sampé..................	600		
Obligation à M. Mauras.......................	1,000	2,300	»
Comptes divers (les détailler).................	700		
Excédant de l'actif sur le passif.............		20,230	»

TABLE

—

CHAPITRE 1er.

CHAPITRE II

CHAPITRE III

CHAPITRE IV

CHAPITRE V

CHAPITRE VI

CHAPITRE VII

CHAPITRE VIII

CHAPITRE IX

CHAPITRE X

CHAPITRE XI

CHAPITRE XII

CHAPITRE XIII

CHAPITRE XIV

CHAPITRE XV

CHAPITRE XVI

 MONTAUBAN. — TYPOGRAPHIE DE J. VIDALLET